“十四五”新工科应用型教材建设项目成果

21世纪技能创新型人才培养系列教材 计算机系列

Java程序设计项目教程

（第二版）

主　编／张兴科
副主编／李建发　徐家荣

中国人民大学出版社
·北京·

图书在版编目（CIP）数据

Java 程序设计项目教程 / 张兴科主编. --2 版. --北京：中国人民大学出版社，2022.1
21 世纪技能创新型人才培养系列教材. 计算机系列
ISBN 978-7-300-30059-7

Ⅰ. ① J… Ⅱ. ①张… Ⅲ. ① JAVA 语言－程序设计－高等职业教育－教材 Ⅳ. ① TP312

中国版本图书馆 CIP 数据核字（2021）第 250973 号

"十四五"新工科应用型教材建设项目成果
21 世纪技能创新型人才培养系列教材·计算机系列
Java 程序设计项目教程（第二版）
主　编　张兴科
副主编　李建发　徐家荣
Java Chengxu Sheji Xiangmu Jiaocheng

出版发行	中国人民大学出版社		
社　　址	北京中关村大街 31 号	**邮政编码**	100080
电　　话	010－62511242（总编室）		010－62511770（质管部）
	010－82501766（邮购部）		010－62514148（门市部）
	010－62515195（发行公司）		010－62515275（盗版举报）
网　　址	http://www.crup.com.cn		
经　　销	新华书店		
印　　刷	北京溢漾印刷有限公司	**版　　次**	2010 年 5 月第 1 版
规　　格	185 mm × 260 mm　16 开本		2022 年 1 月第 2 版
印　　张	13.75	**印　　次**	2022 年 1 月第 1 次印刷
字　　数	325 000	**定　　价**	39.00 元

P R E F A C E

前言

Java 语言是由美国 SUN 公司开发的一种具有面向对象、分布式和可移植等性能的功能强大的计算机编程语言。Java 语言非常适合于企业网络和 Internet 环境，现在已成为 Internet 应用开发中最受欢迎、最有影响的编程语言之一。早日掌握 Java 语言，将给每个有志于在 IT 行业发展的有识之士带来更多的机遇。

本书语言叙述通俗易懂，面向实际应用，力求体现“以职业活动为导向，以职业技能为核心”的指导思想，突出高职高专的教育特色。本教材适用对象是高职高专学生、普通高等院校学生，以及想在短时间内掌握 Java 语言基础并能够灵活运用于实践的学习者。

本书的主要特色是根据学生的认知规律，采用任务驱动的内容组织模式。学生学习知识一般都是带着问题学习。编写一个 Java 应用程序，他就会想到应用程序的总的功能是什么，由哪些小的功能模块支撑，开发功能模块分别需要具备哪些知识，如何把这些知识运用到开发项目中。为了更好地体现学生的这一学习规律，本书采用任务驱动式组织教学内容，每个项目先提出项目任务，再把项目任务分解出子任务，驱动知识的组织与学习。作为知识的最终落脚点，是学以致用，因此，每个项目后都安排了项目实训，既可以提高学生的知识运用能力与实践能力，更能激发学生的学习兴趣。

本书项目 1 通过一个简单小程序介绍了 Java 程序的开发环境搭建；项目 2 通过成绩录入与排序输出介绍了程序语言基础、控制语句及数组使用；项目 3 通过学生信息管理介绍了面向对象编程中类、对象的定义与使用，并介绍了一些常用的系统类；项目 4 引入了异常处理的用法；项目 5、项目 6 介绍了图形界面设计所需的组件用法、事件驱动机制、绘图等方面的知识；项目 7 介绍了文件操作的用法；项目 8 引入了数据库技术；项目 9 介绍了多线程技术。

为方便教学，本书配备了电子教案、课后习题答案、教材中所有案例的源程序。这些教学资源可从中国人民大学出版社的网站中下载使用。

本课程建议安排 90 学时，其中理论讲授 44 学时，实践练习 46 学时。建议的学时分配如下：

序号	内容	理论学时	实践学时	小计
1	项目 1　输出“Hello, World！”	2	2	4
2	项目 2　成绩录入与排序输出	6	8	14
3	项目 3　学生信息管理	8	8	16
4	项目 4　成绩的异常处理	4	4	8
5	项目 5　学生信息系统可视化设计	8	8	16
6	项目 6　成绩的图形化表示	2	2	4
7	项目 7　学生信息的文件操作	4	4	8
8	项目 8　使用 MySQL 管理学生信息	6	6	12
9	项目 9　多窗口售票程序	4	4	8
合计		44	46	90

本书由山东信息职业技术学院张兴科主编，惠州城市职业学院李建发、山东信息职业技术学院徐家荣任副主编，张兴科编写了项目 1 ～ 5，徐家荣编写了项目 6、项目 7，李建发编写了项目 8、项目 9，北京尚硅谷教育集团李剑华经理对教材内容与架构进行了指导。

由于编者水平有限，加之时间仓促，书中难免存在疏漏之处，恳请广大读者批评指正。

编者

C O N T E N T S

项目 1

输出“Hello, World！”

项目导读

本项目旨在通过编写一个简单的具有输出功能的 Java 程序，讲解 Java 程序运行环境的搭建方法，指导学生建立 Java 项目、编写简单 Java 程序并能运行。本项目分解为 2 个任务：JDK 的安装与配置，Eclipse 的安装与运行。

学习目标

1. 了解 Java 语言的特点。
2. 掌握 JDK 的安装与配置。
3. 掌握 Eclipse 的安装。
4. 掌握项目及程序的建立方法。
5. 能编写与运行简单的 Java 程序。

任务 1.1　JDK 的安装与配置

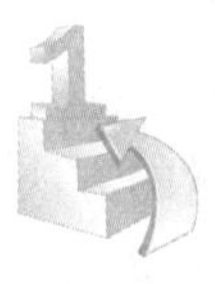

任务情境

学习 Java 程序设计，编写的程序必须有运行环境，因此编程之前需要把运行环境搭建好，本任务将学习如何搭建 Java 运行环境。

任务实现

下载 JDK 后安装，记住 JDK 的安装路径，再进行 JDK 运行环境的配置，配置界面如图 1－1 所示。

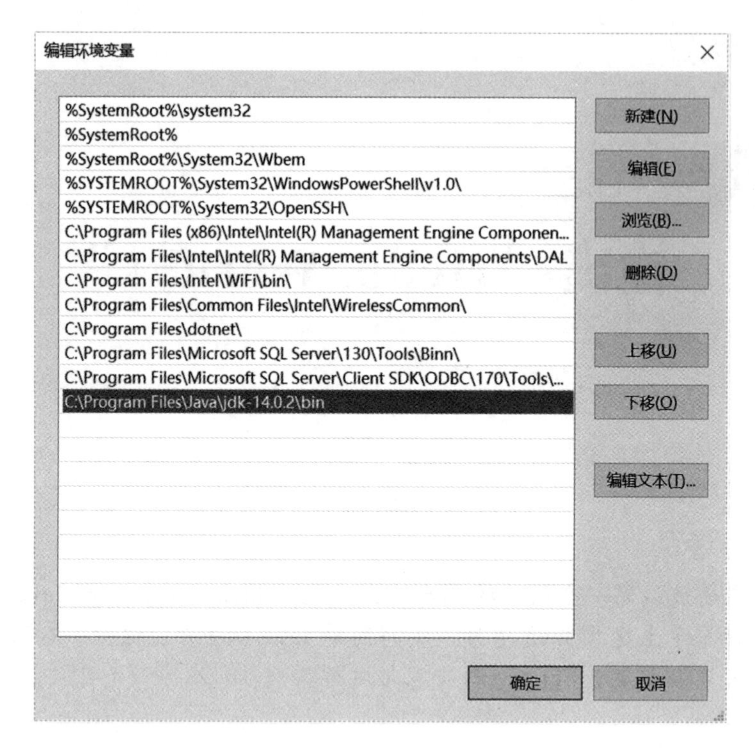

图 1-1　安装 JDK 后的环境配置

任务分析

搭建 Java 程序运行环境，以便于后续程序的开发、调试与运行，必须要在电脑中安装所需的 JDK，并进行必要的配置。

相关知识

1.1.1　下载和安装 JDK14

JDK 有许多版本，本教材以 Win10 系统下安装新版本 JDK14 及配置环境变量的方法为例进行介绍。

（1）进入甲骨文公司（Oracle）官网的下载页面（https://www.oracle.com/java/technologies/javase-downloads.html），在下载列表中找到 Java SE 14，选择“JDK Download”，如图 1-2 所示。

（2）选择 Java SE Development Kit 14.0.2 列表中的“Windows x64 Installer”后的“jdk-14.0.2_windows-x64_bin.exe”，如图 1-3 所示。

（3）在出现的网页对话框中选中复选框，单击“Download jdk-14.0.2-windows-x64-bin.exe”按钮，保存到磁盘，如图 1-4 所示。

Java SE Downloads
Java Platform, Standard Edition
Java SE 14
Java SE 14.0.2 is the latest release for the Java SE Platform
• Documentation
• Installation Instructions
• Release Notes
• Oracle License
• Binary License
• Documentation License
Oracle JDK
JDK Download
Documentation Download

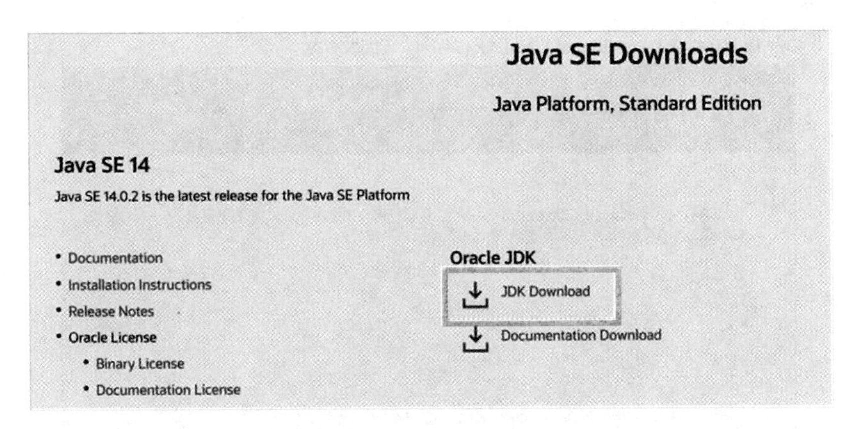

图 1－2　选 JDK 下载

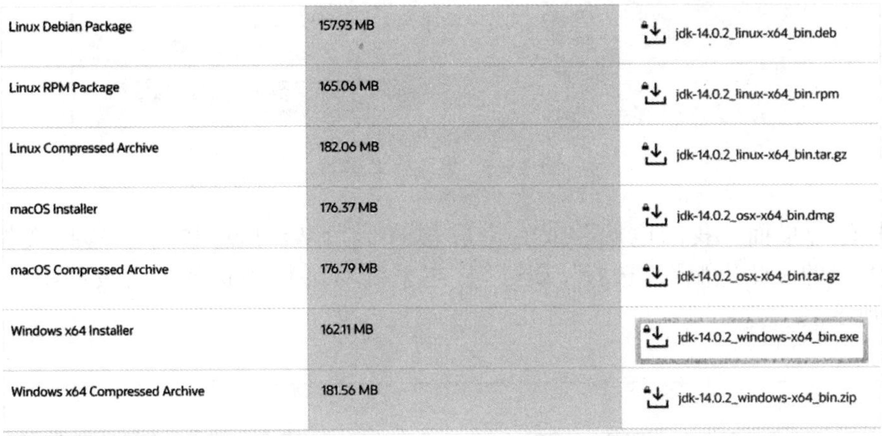

Linux Debian Package
157.93 MB
jdk-14.0.2_linux-x64_bin.deb
Linux RPM Package
165.06 MB
jdk-14.0.2_linux-x64_bin.rpm
Linux Compressed Archive
182.06 MB
jdk-14.0.2_linux-x64_bin.tar.gz
macOS Installer
176.37 MB
jdk-14.0.2_osx-x64_bin.dmg
macOS Compressed Archive
176.79 MB
jdk-14.0.2_osx-x64_bin.tar.gz
Windows x64 Installer
162.11 MB
jdk-14.0.2_windows-x64_bin.exe
Windows x64 Compressed Archive
181.56 MB
jdk-14.0.2_windows-x64_bin.zip

图 1－3　选 JDK 版本

You must accept the Oracle Technology Network License Agreement for Oracle Java SE to download this software.
I reviewed and accept the Oracle Technology Network License Agreement for Oracle Java SE
Download jdk-14.0.2_windows-x64_bin.exe

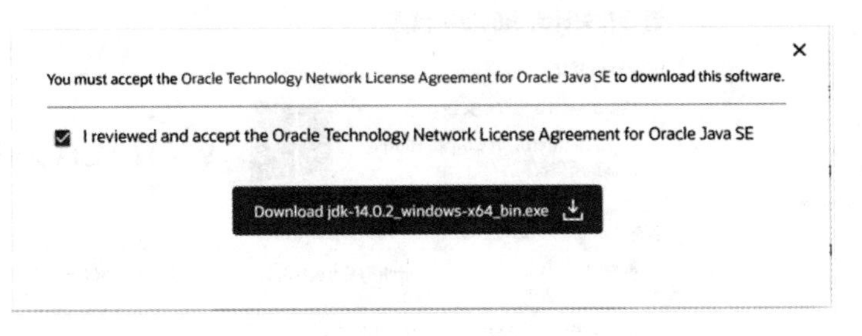

图 1－4　下载

（4）双击下载的文件，在出现的对话框中选中“下一步”后，提示更改安装位置，如图 1－5 所示。

（5）选择默认安装位置（需记住安装位置），单击“下一步”直到安装完成，单击对话框中的“关闭”按钮，完成 JDK 的安装。

1.1.2　配置环境变量

JDK 的相关配置，就是设置环境变量，环境变量可以简单理解为：设置后我们就可以在任何地方执行 Java 命令。配置步骤如下：

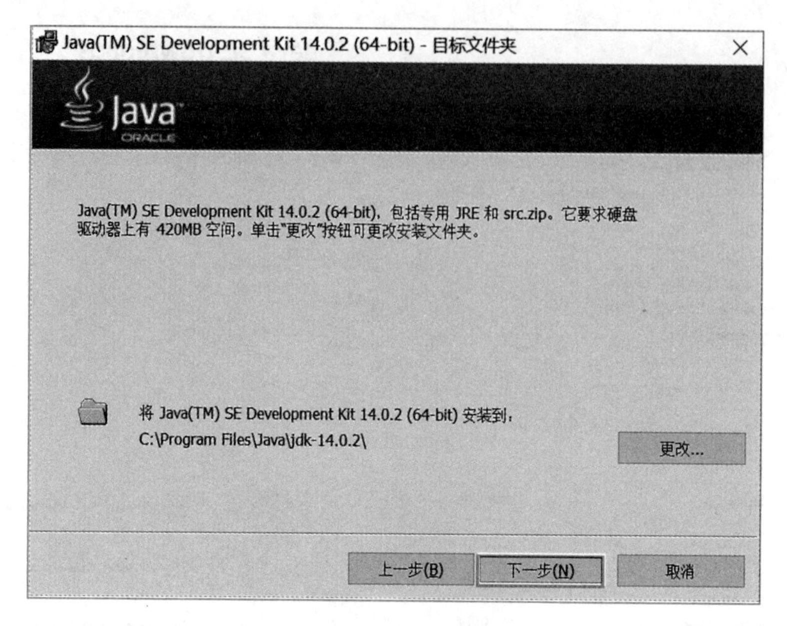

图 1-5　更改安装位置

（1）右击桌面"我的电脑"或右击屏幕右下角 Windows 图标后选择文件资源管理器列表中的"此电脑"，选择"属性"，在系统对话框中选择"高级系统设置"，如图 1-6 所示。

图 1-6　高级系统设置

（2）在"系统属性"对话框中，单击"高级"标签，打开"高级"选项卡，如图 1-7 所示。

（3）选中"环境变量"，并在系统变量中找到"Path"并选中，如图 1-8 所示。

（4）单击"编辑"按钮，出现"编辑环境变量"对话框，如图 1-9 所示。

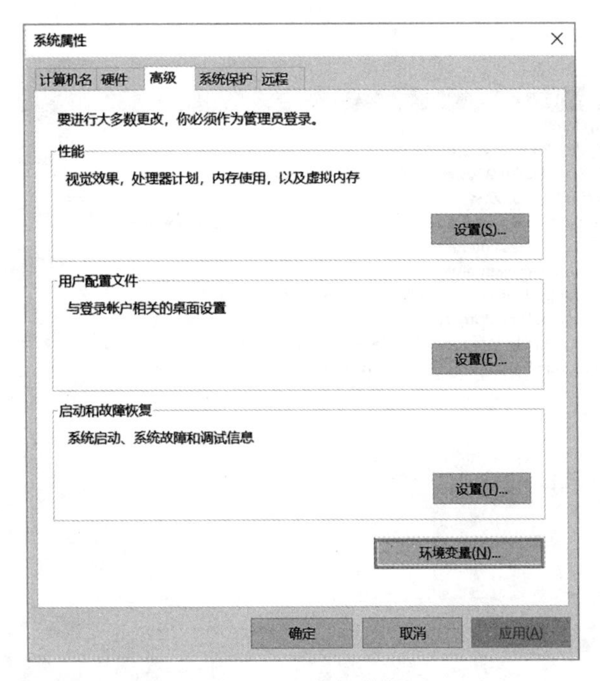

图 1-7　高级选项

图 1-8　设置环境变量 Path

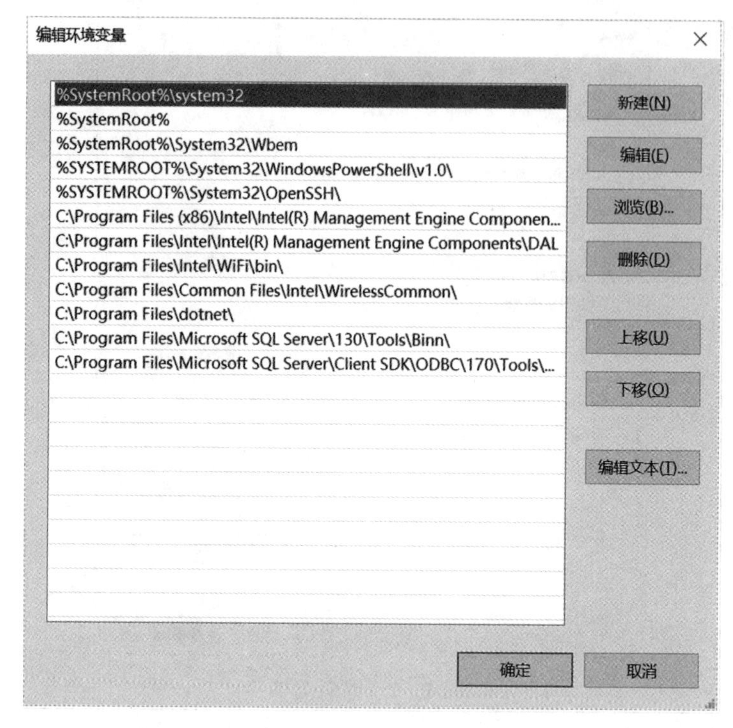

图 1－9　编辑环境变量

（5）单击“新建”按钮，将 JDK 安装后的 Java Bin 路径复制到新路径中（见图 1－1）。

（6）连续单击出现对话框中的“确定”，直到完成环境配置并退出。

（7）按下“Win+R”组合键，输出“CMD”命令，在出现的命令窗口中输入 java 命令回车，显示如图 1－10 所示，则配置完成。

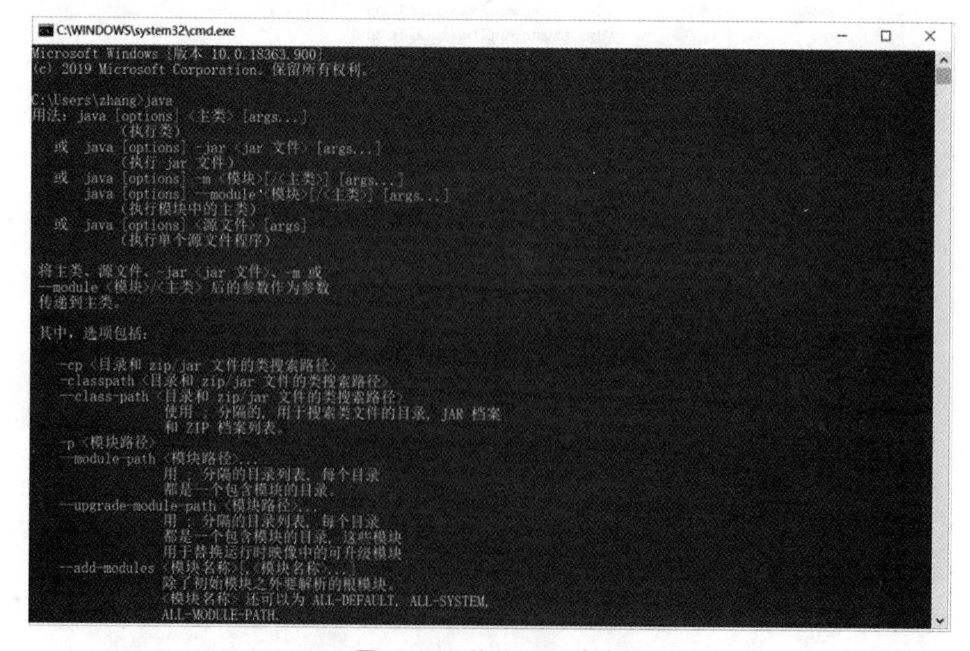

图 1－10　执行 java 命令

任务 1.2 Eclipse 的安装与运行

任务情境

“工欲善其事，必先利其器”，要想方便地进行 Java 程序的编辑、调试与运行，必须借助开发工具，因此应学会使用合适的开发工具进行程序开发。

任务实现

在 Eclipse 集成开发环境下，建立并运行一个带有输出功能的程序，集成开发界面如图 1－11 所示。

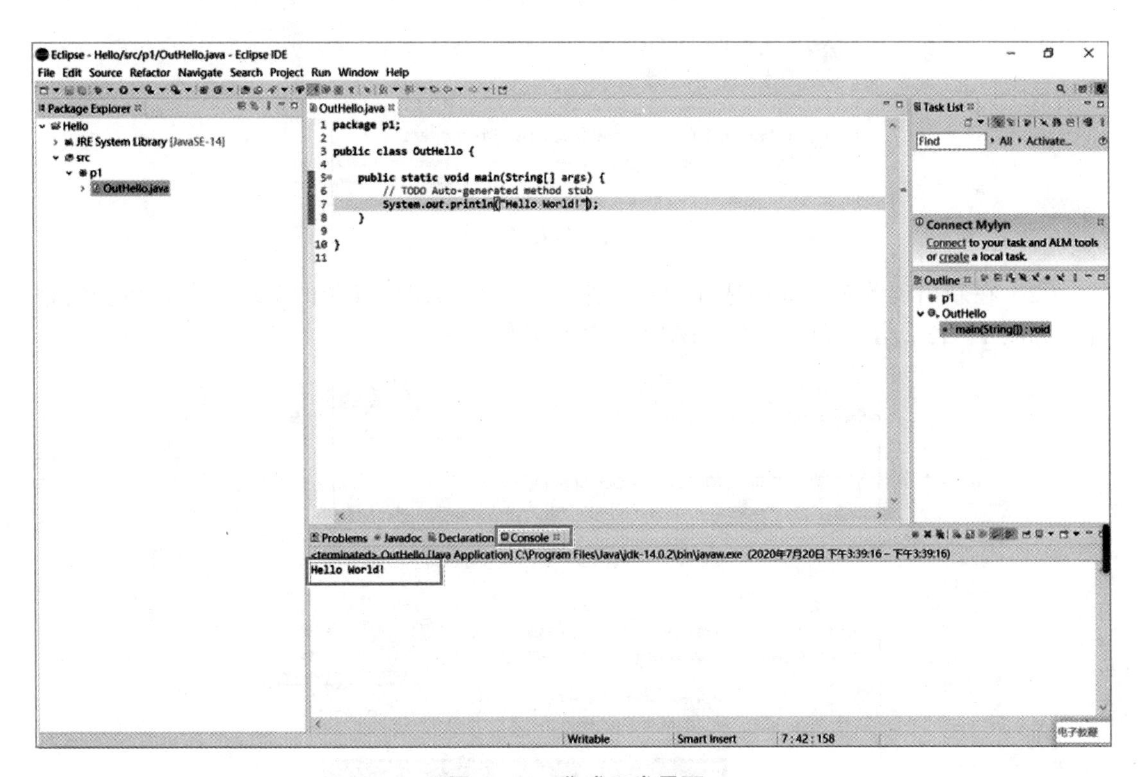

图 1－11 集成开发界面

任务分析

要运行 Eclipse 应用，首先要下载 Eclipse 并进行安装，安装完成后可结合 Eclipse 的使用方法创建 Java 应用并进行编辑、调试与运行。

1.2.1 Eclipse 的安装

（1）从 Eclipse 官网（https://www.eclipse.org/downloads/）下载 Eclipse 的安装文件 eclipseinst-win64.exe，双击安装文件开始安装，在对话框中选择“Eclipse IDE for Java Developers”，如图 1－12 所示。

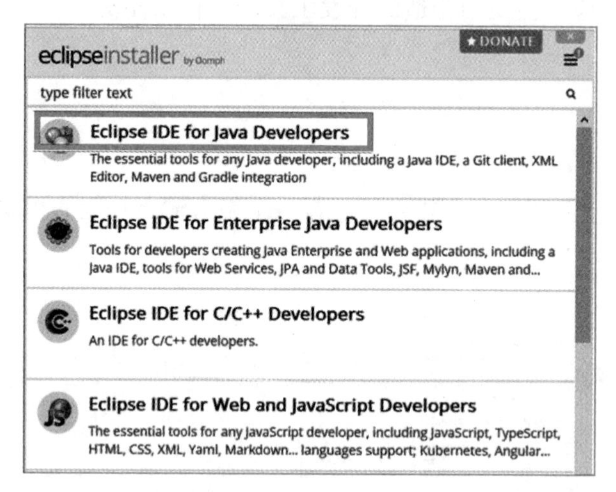

图 1－12　选择安装项

（2）在新出现的对话框中选择 JDK，系统自动检索出已安装的 JDK，并设置安装路径，如图 1－13 所示。单击“INSTALL”按钮开始安装。

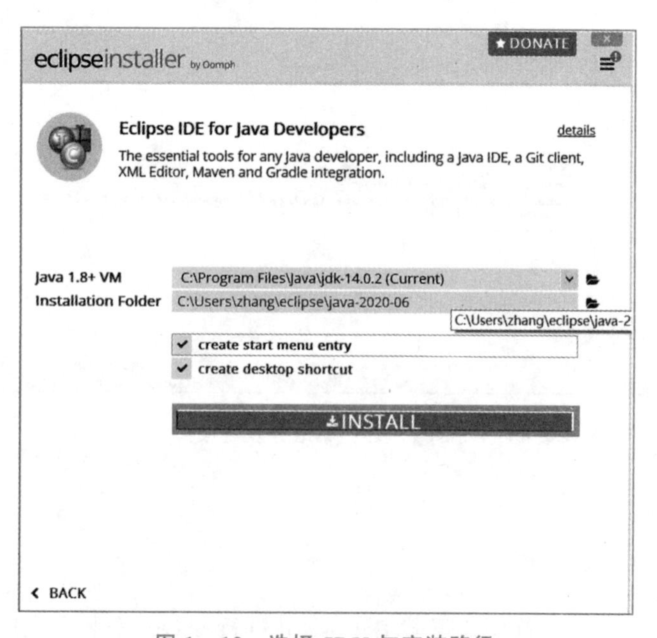

图 1－13　选择 JDK 与安装路径

（3）在新出现的网页对话框中选择下方的按钮“Accept Agreements”，等待 Eclipse 安装，安装过程中若出现图 1－14，则选中对话框中的“Accept”。

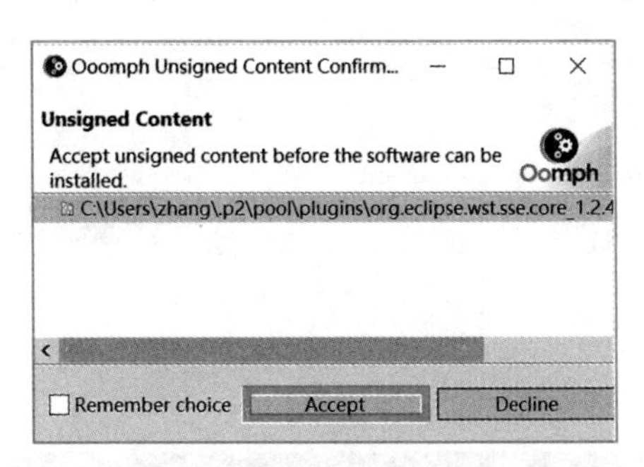

图 1－14　接受安装文件

（4）直到安装完成，出现对话框如图 1－15 所示，单击“LAUNCH”按钮即可启动 Eclipse。

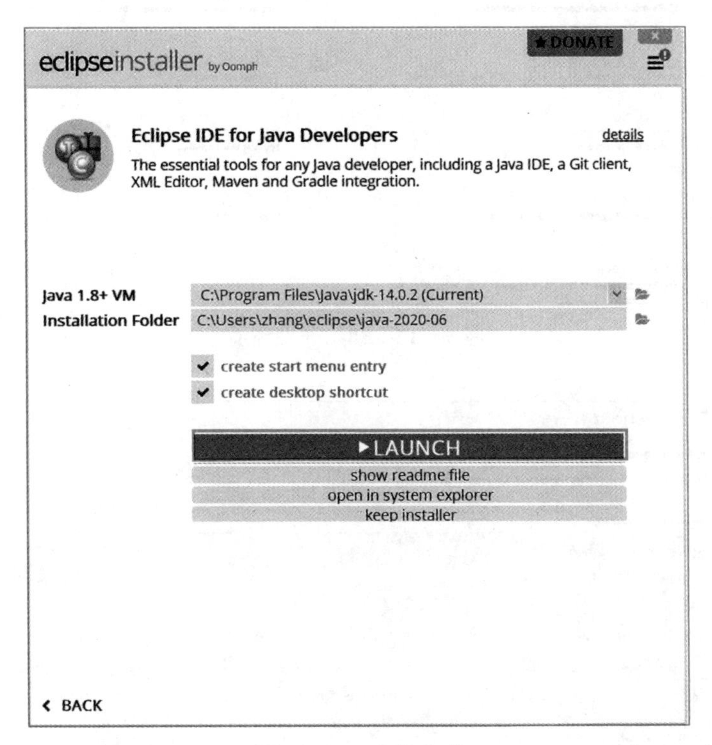

图 1－15　安装完成

1.2.2　Eclipse 的运行

（1）双击桌面的“Eclipse IDE for Java…”快捷图标，出现如图 1－16 所示的对话框。

（2）根据需要，选择 Eclipse 项目的保存空间，记住保存位置，选中复选框则以后项目的保存空间都是现在所设空间，单击“Launch”，进入 Eclipse 主界面，如图 1－17 所示。

（3）关闭左上角的“Welcome”，选择 File/New/Java Project，出现如图 1－18 所示的对话框。

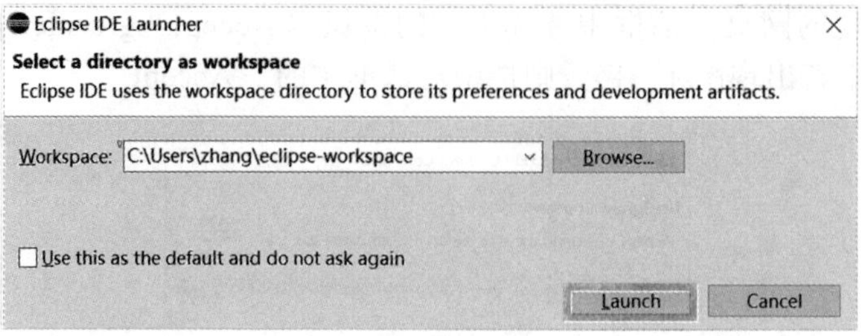

Eclipse IDE Launcher
Select a directory as workspace
Eclipse IDE uses the workspace directory to store its preferences and development artifacts.
Workspace: C:\Users\zhang\eclipse-workspace
Browse...
Use this as the default and do not ask again
Launch
Cancel

图 1-16　选项目存储位置

File Edit Navigate Search Project Run Window Help
Welcome
eclipse
Welcome to the Eclipse IDE for Java Developers
Review IDE configuration settings
Review the IDE's most fiercely contested preferences
Overview
Get an overview of the features
Create a Hello World application
A guided walkthrough to create the famous Hello World in Eclipse
Tutorials
Go through tutorials
Create a new Java project
Create a new Java Eclipse project
Samples
Try out the samples
Checkout projects from Git
Checkout Eclipse projects hosted in a Git repository
What's New
Find out what is new
Import existing projects
Import existing Eclipse projects from the filesystem or archive

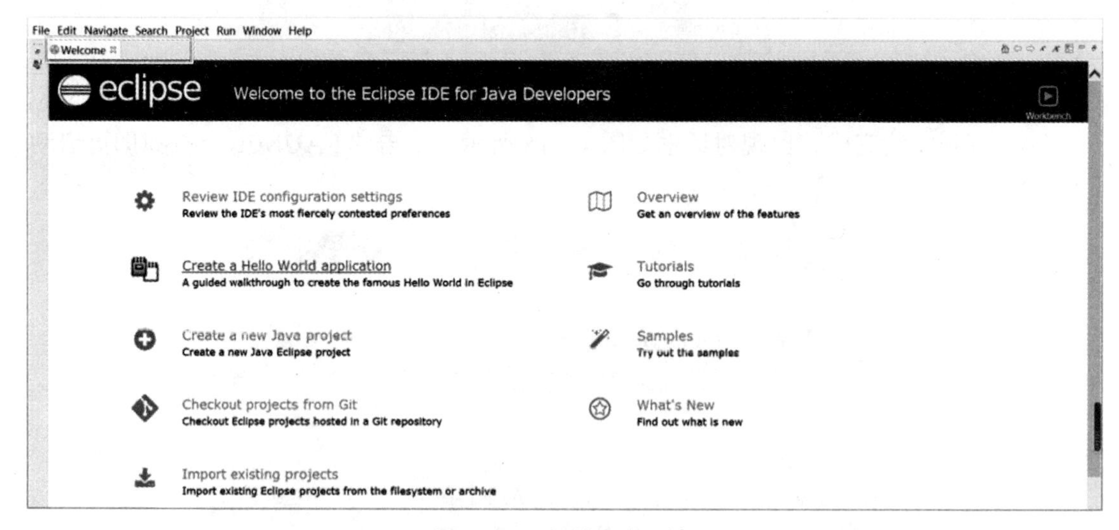

图 1-17　初始开发环境

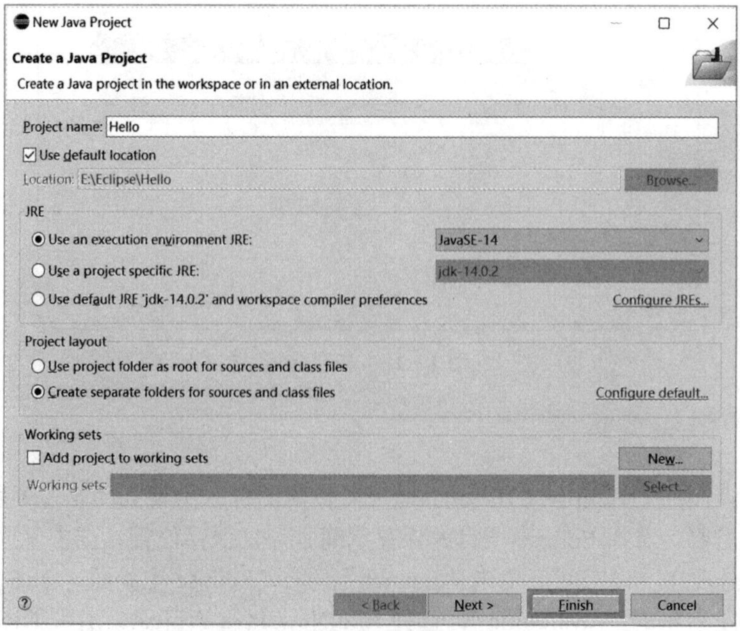

New Java Project
Create a Java Project
Create a Java project in the workspace or in an external location.
Project name: Hello
Use default location
Location: E:\Eclipse\Hello
Browse...
JRE
Use an execution environment JRE:
JavaSE-14
Use a project specific JRE:
jdk-14.0.2
Use default JRE 'jdk-14.0.2' and workspace compiler preferences
Configure JREs...
Project layout
Use project folder as root for sources and class files
Create separate folders for sources and class files
Configure default...
Working sets
Add project to working sets
New...
Working sets:
Select...
< Back
Next >
Finish
Cancel

图 1-18　新建项目

（4）在对话框中输入项目名称，单击“Finish”，在新对话框中选“Don't Creat”，左侧的 Package Explorer 面板中出现了新建的项目，右击项目名称或选择 File，选择菜单中的“class”，出现如图 1－19 所示的对话框。

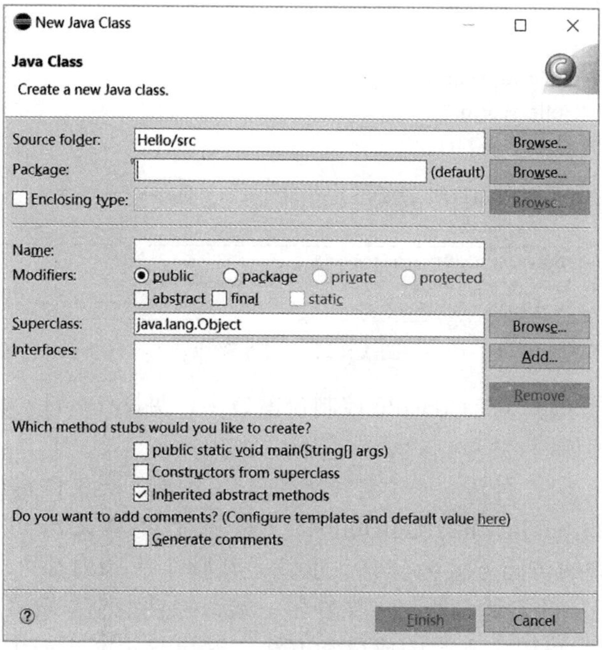

New Java Class
Java Class
Create a new Java class.
Source folder:
Hello/src
Browse...
Package:
(default)
Browse...
Enclosing type:
Browse...
Name:
Modifiers:
public
package
private
protected
abstract
final
static
Superclass:
java.lang.Object
Browse...
Interfaces:
Add...
Remove
Which method stubs would you like to create?
public static void main(String[] args)
Constructors from superclass
Inherited abstract methods
Do you want to add comments? (Configure templates and default value here)
Generate comments
Finish
Cancel

图 1－19　新建类

（5）在对话框中输入 Package（包）名称（如 p1），以及类名 Name（如 OutHello），选中“public static void main(String []args)”复选框，单击“Finish”按钮，生成界面如图 1－20 所示。

Eclipse - Hello/src/p1/OutHello.java - Eclipse IDE
File Edit Source Refactor Navigate Search Project Run Window Help
Package Explorer
Hello
JRE System Library [JavaSE-14]
src
p1
OutHello.java
OutHello.java
package p1;
public class OutHello {
public static void main(String[] args) {
// TODO Auto-generated method stub
}
}
Task List
Find
All
Activate...
Connect Mylyn
Connect to your task and ALM tools or create a local task.
Outline
p1
OutHello
main(String[]) : void
Problems
Javadoc
Declaration
0 items
Description
Resource
Path
Location
Type
Writable
Smart Insert
1 : 1 : 0

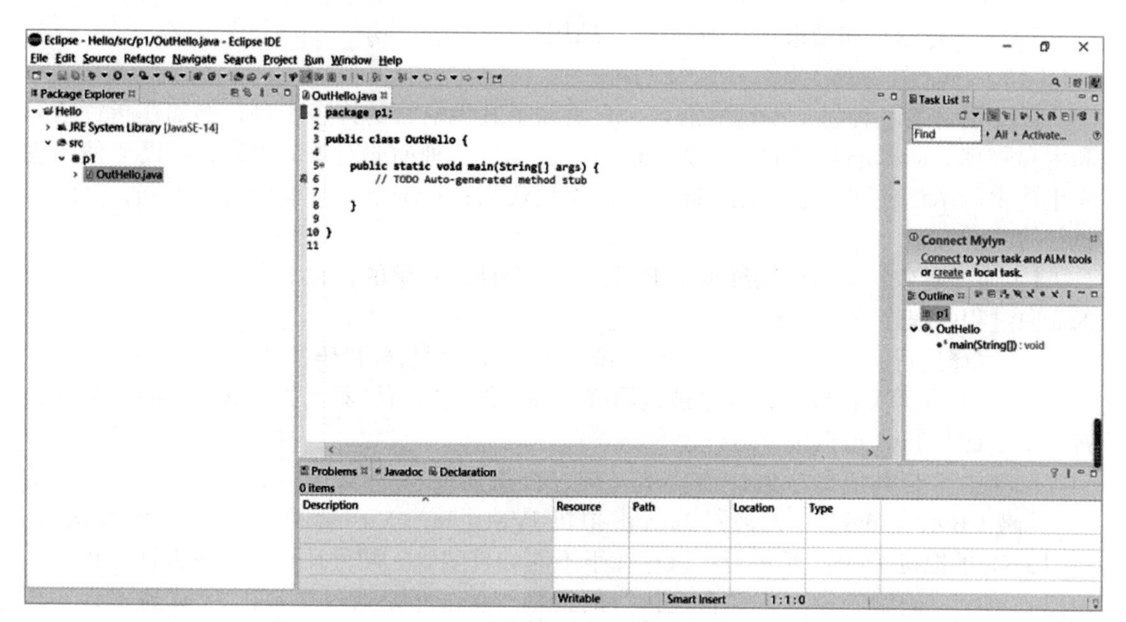

图 1－20　生成程序基本结构

（6）在图 1－20 中的程序编辑区，将

```
public static void main(String[] args){
}
```

修改为：

```
public static void main(String[] args){
System.out.println("Hello World!");
}
```

（7）单击工具条中的“运行”按钮，如图 1－21 所示。

图 1－21　运行按钮

（8）程序运行结果输出在 Console 控制台窗口中，见图 1－11。

（9）程序分析和说明：

1）语句 package p1，是建立一个包（文件夹），生成的类文件将存放于包中。

2）程序第一行 public class OutHello{}，是一个类定义语句，类名为 OutHello。public 关键字指明类的访问方式为公有，也就是在整个程序内都可以访问到它。如果将类定义为 public，则类的名称必须与主文件名一致，并且大小写敏感。

3）类后大括号内可以定义类的成员和方法，这里只定义了一个方法——main()，该方法通过调用 System.out.println() 函数将字符串从标准输出设备输出。对于一个可执行的 Java 类，main 方法是必需的，而且该 main 方法必须是公有（public）、静态（static）和没有返回值（void）的，同时它只能带一个字符串型（String[]）的参数。

4）程序的一行“//……”是注释，只说明而不运行。

5）每个命令语句结束，必须以“;”结尾。

（10）Java 语言的特点。

Java 语言是一种易于编程的语言，它消除了其他语言的许多不足，例如在指针运算和内存管理方面影响程序的健壮性；Java 语言也是一种面向对象的语言，有助于使用现实生活中的术语使程序形象化，同时可以简化代码；Java 语言与其他语言不同，是解释执行的。

1）面向对象：支持代码继承及重用，是完全面向对象的，它不支持类似 C 语言那样的面向过程的程序设计技术。

2）解释执行：Java 解释器（运行系统）能直接运行目标代码指令。

3）与平台无关：Java 源程序被编译成一种高层次的与机器无关的 Byte-codes 格式语言，被设计在 Java 虚拟机上运行。

Java 语言与其他程序设计语言不一样，首先需要将“程序”编译成与平台无关的“字节码（Byte-codes）”，再通过 Java 虚拟机 JVM（Java Virtual Machine）来解释执行。所谓 Java 虚拟机 JVM，是一台可以存在于不同的真实软、硬件环境下的虚拟计算机，其功能是将字节码解释为真实平台能执行的指令。Java 正是通过虚拟机 JVM 技术，实现了与平台无关，“编写一次，到处运行”。因此，任何平台只要安装相应的 Java 虚拟机环

境，就能运行 Java 程序。图 1－22 所示为 Java 虚拟机环境。

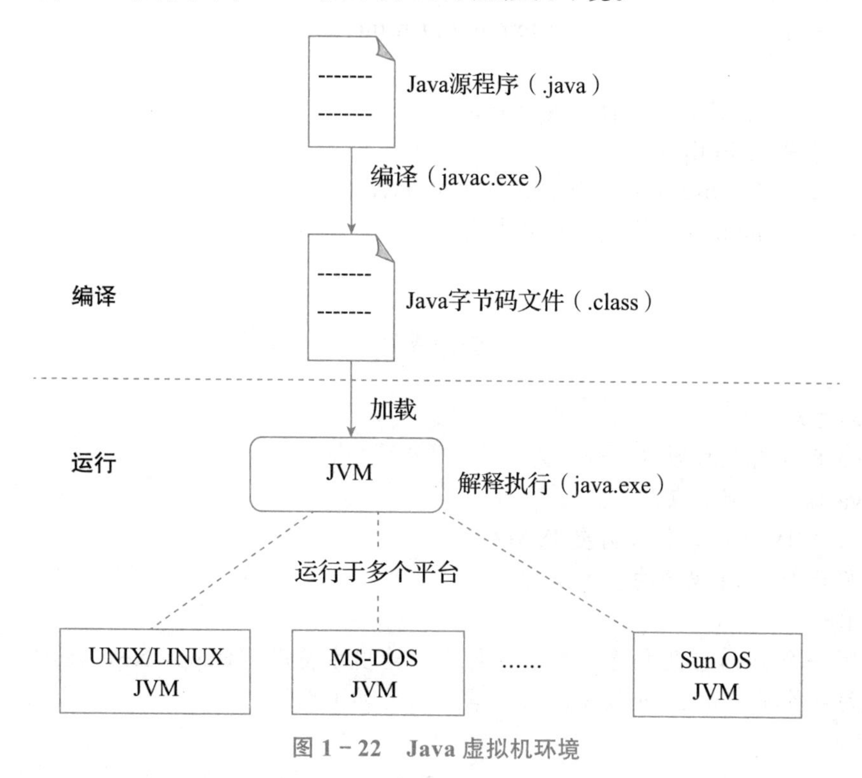

图 1－22　Java 虚拟机环境

4）多线程：Java 提供的多线程功能使得在一个程序里可同时执行多个小任务。多线程带来的好处是可以有更好的交互性能和实时控制性能。

5）健壮性：Java 致力于检查程序在编译和运行时的错误，类型检查帮助检查出许多开发早期出现的错误。

（11）Java 版本和未来发展趋势。

Java 的版本随着 Java 的发展而不断变化，目前 Java 主要有 3 种版本：

一是用于工作站、PC 机的标准版，即 J2SE（Java 2 Standard Edition），这也是本书将主要介绍的版本；

二是企业版，即 J2EE(Java 2 Enterprise Edition)，通常用于企业级应用系统的开发；

三是精简版，即 J2ME（Java 2 Micro Edition），通常用于嵌入式系统开发。

目前 Java 语言是程序开发的主流语言，在未来，Java 的进一步开源将对其发展产生重要的影响，Java 的未来发展会更加美好。

项目实训——编写具有输出功能的程序

一、实训主题

编写 Java 程序，程序运行时分两行输出：

我开始学习 Java 了！

我有信心学习 Java，加油！

二、实训分析

因输出两行信息，可用两条 System.out.println() 语句。

三、实训步骤

【步骤 1】下载 JDK 并进行环境配置；

【步骤 2】安装 Eclipse；

【步骤 3】在 Eclipse 中建立项目，并建立 Java 类；

【步骤 4】在 main() 方法中输出要求内容。

技能检测

一、思考题

1. Java 程序有几种版本，分别是什么？
2. Java 程序有何特点？
3. 什么是 JVM？为什么需要 JVM?
4. 如何理解 Java 程序的基本结构?

二、编程题

1. 编写一个 Java 应用程序，要求在屏幕上输出字符串“Happy New Ycar!”。
2. 编写一个简单的 Java 程序，在屏幕上输出如下图形：

```
  *
 ***
*****
```

项目 2

成绩录入与排序输出

项目导读

本项目旨在通过编写一个学生所熟悉的简单成绩管理系统，讲解Java编程语言基本知识。编写的成绩管理系统具有成绩计算、成绩统计、成绩排序的基本功能。本项目分解为4个任务：学生各科成绩求和及求平均分、学生成绩统计、学生成绩排序、菜单使用。

学习目标

1. 掌握基本数据类型与数据的表示形式。
2. 掌握表达式的用法及优先级关系。
3. 掌握分支程序设计。
4. 掌握循环程序设计。
5. 掌握数组的定义、数据的存储形式并掌握数组的应用。
6. 能综合利用上述知识编写一般应用程序。

任务 2.1 学生各科成绩求和及求平均分

任务情境

有一名学生的“计算机网络技术”考了90分，“数据库技术”考了84分，“ Java程序设计”考了92分，输出这名学生三门课程的总成绩及平均成绩。

任务实现

```
public class OutScore{
```

```
public static void main(String args[]) {
    int network, dataBase, java, total=0;                 // 定义存放三门课及总分的变量
    float average=0.0f;                                   // 定义存放平均成绩的变量
    network=90;                                           // 为课程变量赋值
    dataBase=82;
    java=92;
    total=network+dataBase+java;                          // 计算成绩和并保存到变量 total
    average=(float)total/3;                               // 计算平均成绩并保存到变量 average
    System.out.println(" 该生三门课的总成绩为："+total);  // 输出总成绩
    System.out.println(" 该生三门课的平均成绩为："+average);
    }
}
```

程序运行结果：

```
该生三门课的总成绩为：264
该生三门课的平均成绩为：88
```

任务分析

本程序在实现功能时，首先要定义存储三门课的成绩、总成绩、平均成绩用到的不同类型的变量，然后给课程对应的变量赋成绩值，通过计算得到总分值赋给记录总成绩的变量，计算得到的平均分值赋给记录平均成绩的变量，最后输出总成绩及平均成绩。这段程序涉及的知识有数据类型、标识符、运算符与表达式等。

相关知识

2.1.1 标识符与关键字

1. 标识符

用来标识类名、变量名、方法名、类型名、数组名、文件名的有效字符序列称为标识符。简单地说，标识符就是一个名字。Java 语言规定标识符由字母、下划线、美元符号和数字组成，并且第一个字符不能是数字。标识符中的字母是区分大小写的，例如，Beijing 和 beijing 是不同的标识符。

2. 关键字

关键字就是 Java 语言中已经被赋予特定意义的一些单词，它们在程序上有着不同的用途，不可以把关键词作为普通标识符来用。Java 中常用的关键字见表 2－1。

表 2－1 Java 关键字表

abstract	Boolean	break	byte	case
catch	char	class	continue	default
do	double	else	extends	false

续表

final	finally	float	for	if
implements	import	instanceof	int	interface
long	native	new	null	package
private	protected	public	return	short
static	super	switch	synchronized	this
throw	throws	transient	true	try
void	volatile	while		

2.1.2 基本数据类型

1. 常量

常量是指在程序执行过程中始终保持不变的量。根据数据类型的不同，常量有整型、浮点型、字符型、布尔型等几种。如整数常量 12、–5，双精度浮点数常量 1.8、–31.92 等。

2. 变量

变量是在程序运行过程中可以变化的量。变量有变量名、变量的值、变量的类型。如：

```
int i=0;   // 定义了变量的名字为 i，i 的初值为 0，i 的类型为整型
i=i+5;     // 变量 i 的值在原基础上加了 5
```

3. 分类

基本数据类型也称为简单数据类型。Java 语言有 8 种简单数据类型，分别是：boolean，byte，short，int，long，float，double，char。

这 8 种数据类型习惯上可分为 4 大类型：

布尔类型：boolean；

字符类型：char；

整数类型：byte，short，int，long；

浮点类型：float，double。

（1）布尔类型（boolean）。

布尔型数据只有两个值 true 和 false，且它们不对应于任何整数值。布尔型变量的定义如：

```
boolean b=true;
```

（2）字符类型（char）。

字符型常量：用单引号括起来的一个字符，如 'a'，'A'。另外，还有转义字符常量：

```
'\r'：转义字符，表示回车；
'\n'：转义字符，表示换行；
'\t'：转义字符，表示制表符；
'\u????'：由四个 16 进制数确定的某个 Unicode 字符，例如：'\u03A8' 表示希腊字母 Ψ。
```

字符型变量：类型为 char，它在机器中占 16 位，其范围为 0 ～ 65 535。字符型变量的定义如：

```
char c='a';              // 指定变量 c 为 char 型，且赋初值为 'a'
char c=65                // 整数 65 对应的 ASCII 字符为 'A'
char c='\n'              // 转义字符 '\n'，表示换行
```

（3）整数类型（byte，short，int，long）。

Java 语言中有 4 种整数类型：位 byte、短整型 short、整型 int、长整型 long。这 4 种整数类型的长度、表示数值范围见表 2 - 2。

表 2 - 2　整型数据的取值范围

数据类型	长度 /bits	表示数值范围
byte	8	$-2^{7} \sim 2^{7}-1$
short	16	$-2^{15} \sim 2^{15}-1$
int	32	$-2^{31} \sim 2^{31}-1$
long	64	$-2^{63} \sim 2^{63}-1$

整型常量表示：

十进制整数：如 123，–456，0；

八进制整数：以 0 开头，如 0123 表示十进制数 83，–011 表示十进制数 –9。

十六进制整数：以 0x 或 0X 开头，如 0x123 表示十进制数 291，–0X12 表示十进制数 –18。

（4）浮点类型（double，float）。

为了提高数据的表示精度，可以采用浮点类型，浮点类型包括两种：单精度（float）和双精度（double）。双精度为默认浮点数类型。两者的区别见表 2 - 3。

表 2 - 3　浮点数据的取值范围

数据类型	长度 /bits	表示数值范围
float	32	± 1.4E–45 ～ ± 3.4E38
double	64	± 4.9E–324 ～ ± 1.798E308

浮点型常量表示：

十进制数形式：由数字和小数点组成，且必须有小数点，如 0.123, 1.23, 123.0。

科学计数法形式：如 123e3 或 123E3，其中 e 或 E 之前必须有数字，且 e 或 E 后面的指数必须为整数。

float 型的值，必须在数字后加 f 或 F，如 1.23f。

例 2.1　简单数据类型的例子。

```
public class Assign {
  public static void main (String args [ ]) {
  int x, y;                    // 定义 x，y 两个整型变量
```

```
  float z = 1.234f;              // 指定变量 z 为 float 型，且赋初值为 1.234
  double w = 1.234;              // 指定变量 w 为 double 型，且赋初值为 1.234
  boolean flag = true;           // 指定变量 flag 为 boolean 型，且赋初值为 true
  char c;                        // 定义字符型变量 c
  c = 'A' ;                      // 给字符型变量 c 赋值 'A'
  x = 12;                        // 给整型变量 x 赋值为 12
  y = 300;                       // 给整型变量 y 赋值为 300
  }
}
```

4. 数据的类型转换

（1）不同类型数据间的优先关系如下：

```
低 ------------------------------------------------> 高
byte, short, char → int → long → float → double
```

（2）自动类型转换。

整型、浮点型、字符型数据可以混合运算。运算中，不同类型的数据先转化为同一类型，然后进行运算，转换从低级到高级。转换关系见表 2－4。

表 2－4　不同类型数据运算时的转换关系

操作数 1 类型	操作数 2 类型	转换后的类型
byte，short，char	int	int
byte，short，char，int	long	long
byte，short，char，int，long	float	float
byte，short，char，int，long，float	double	double

（3）强制类型转换。

高级数据要转换成低级数据，需用到强制类型转换，如：

```
int i;
byte b=(byte)i;    // 把 int 型变量 i 强制转换为 byte 型
```

例 2.2　程序 Conversion.java 为类型转换的例子。

```
public class Conversion {
public static void main(String args[]){
    int a=127, b=9;
    float c=12.0f;
    int x;
    float y, z;
    System.out.println("a="+a+" , b="+b+" , c="+c);
    x=a/b;              // 两个整型相除得整型，将丢失小数部分
    System.out.println("a/b="+x+"\n");
    y=a/c;              // 整型与浮点型运行，结果为浮点型，Java 自动先将 a 转换为浮点型
    System.out.println("a/c="+y+"\n");
    z=(float)a/c;       // 强制将 a 转换为浮点型然后计算，结果与上同
```

```
            System.out.println("a/c="+z+"\n");
        }
    }
```

程序运行结果：

```
a=127, b=9, c=12.0
a/b=14
a/c=10.583333
a/c=10.583333
```

5. 字符串（String）

（1）字符串常量的表示。

字符串是用双撇号括起的若干个字符，如 "abc" "100001" "hello!" 等。

（2）字符串变量的定义。

Java 语言提供了一个处理字符串的类 String，在定义字符串变量时可以像基本类型一样定义字符串变量。

下面给出了一些如何使用字符串的例子：

```
String str = "abc";
str=str+ "efg" ;  // 字符串相加，实现字符串连接的功能，语句执行完后 str 的值为 "abcefg"
```

但 String 是类，类中定义了一些方法可以完成一些特定的功能。

String 类提供的部分构造方法：

1）String()：初始化一个新创建的 String 对象，它表示一个空字符序列。

2）String(byte[ ] bytes)：构造一个新的 String，方法是使用平台的默认字符集解码字节的指定数组。

3）String(char[ ] value, int offset, int count)：分配一个新的 String，它包含来自该字符数组参数的一个子数组的字符。

String 类提供的部分成员方法：

1）int compareTo(String anotherString)：按字典顺序比较两个字符串，若相同，则返回值为 0。

2）boolean startsWith(String prefix)：测试此字符串是否以指定的前缀开始。

3）char charAt(int index)：返回指定索引处的 char 值。索引范围为从 0 到 length()–1。序列的第一个 char 值在索引 0 处，第二个在索引 1 处，依此类推。

4）int indexOf(String str)：返回第一次出现的指定子字符串在此字符串中的索引。

5）boolean equals(String another)：将此 String 与另一个 String 进行比较，看两个字符串是否相同。

6）int length()：返回此字符串的长度。

7）String toLowerCase()：使用默认语言环境的规则，将此 String 中的所有字符都转换为小写。

8）String toUpperCase()：使用默认语言环境的规则，将此 String 中的所有字符都转换为大写。

9）String substring(int beginIndex, int endIndex)：返回一个新字符串，它是此字符串

的一个子字符串。该子字符串从指定的 beginIndex 处开始，一直到索引 endIndex–1 处的字符。

10）String trim()：返回字符串的副本，忽略前导空白和尾部空白。

例 2.3　字符串处理用法。

```
public class StringDemo{
public static void main(String args[ ])   {
     String stra= "HELLO JAVA!";
     System.out.println(stra);
     System.out.println("length of stra is:"+stra.length());
     System.out.println("Lower of stra is:"+stra.toLowerCase());
  }
}
```

程序运行结果：

```
HELLO JAVA!
length of stra is 11
Lower of stra is hello java!
```

2.1.3　运算符与表达式

在程序对数据进行处理时，经常要进行数据的运算，因此本节我们来学习关于运算符与表达式的一些知识。

1. 运算符

运算符包括算术运算符、关系运算符、逻辑运算符、赋值运算符、条件运算符等。

（1）算术运算符。

数值类型的标准算术运算符包括：+，–，*，/，%，++，––。

整数除法的结果是整数，如 5/2 = 2 而不是 2.5。

运算符 % 完成取余运算，如 5%2 = 1，14%6 = 2。

增量运算符和减量运算符：

前置增量 / 减量运算符：变量先加 1 或减 1，再参与表达式中的运算。

后置增量 / 减量运算符：变量先参与表达式的运算，再加 1 或减 1。

例如：

```
x = 1;
y = 1 + x++;    // 运算后 y = 2, x = 2
y = ++x+1;      // 运算后 y = 3, x = 2
```

（2）关系运算符。

关系运算符包括：<，<=，>，>=，= =，!=。关系运算的结果为布尔型数据 true 或 false。关系运算符见表 2–5。

表 2–5　关系运算符

运算符	用法	描述
<	opt1<opt2	小于

续表

运算符	用法	描述
>	opt1>opt2	大于
<=	opt1<=opt2	小于等于
>=	opt1>=opt2	大于等于
==	opt1==opt2	等于
!=	opt1!=opt2	不等于

如：1<2 结果为 true，7==7 结果为 true，5>10 结果为 false。

（3）逻辑运算符。

逻辑运算的操作数必须是布尔型数据，运算符常用的有：！，&&，||，^。逻辑运算符见表 2－6。

表 2－6　逻辑运算符

运算符	名称	描述
!	非	逻辑否定，取反。非 true 即 false
&&	与	逻辑与，并且关系。两数均为 true，结果为 true，否则为 false
||	或	逻辑或，或者关系。两数均为 false，结果为 false，否则为 true
^	异或	逻辑异或，排同关系。两数相同为 false，相异为 true

另外，逻辑运算符还有：&（逻辑与）和 |（逻辑或）。

运算符 & 和 | 的两个运算对象都要计算。& 又称为无条件与运算符，| 称为无条件或运算符。使用 & 和 | 运算符可以保证不管左边的操作数是 true 还是 false，总要计算右边的操作数。

使用运算符 && 时，若左边的操作数为 false，则不计算右边的操作数；使用运算符 || 时，若左边的操作数为 true，则不计算右边的操作数。

（4）赋值运算符。

赋值运算符为：=，其扩展赋值运算符有：+=，-=，*=，/= 等。

例如：

```
i=3;
i+=3;   // 等效于 i=i+3
```

（5）条件运算符。

条件运算符 ? : 的作用是条件判断，相当于一个 if-else 语句。条件运算符为三元运算符，其一般形式为：

```
< 布尔表达式 > ? < 表达式 1> : < 表达式 2>
```

< 布尔表达式 > 为条件表达式，为真值，则取表达式 1 作为运算结果值，否则取表达式 2 为运算结果值。

例如：

```
sum=0;
result=(sum= =0 ? 1+2 : 5/3);   // result 值为 3
```

再如：

```
sum=10;
result=(sum= =0 ? 1+2 : 5/3);   // result 值为 1
```

（6）运算符的优先级

前面介绍了基本的运算符，这些运算符是有优先级的，运算也是有结合方向的，表 2－7 列出它们的结合方向和优先级。

表 2－7　运算符的优先级

运算符	结合方向	优先级
()	L to R	高
++ -- +（正）-（负）~ ! (<data_type>)	R to L	↓
* / %	L to R	↓
+ -	L to R	↓
<><= >=	L to R	↓
== !=	L to R	↓
&&	L to R	↓
||	L to R	↓
<boolean_expr> ?<expr1> : <expr2>	R to L	↓
= *= /= %= += -=	R to L	低

2. 表达式

表达式是由一系列的常量、变量、方法调用、运算符组合而成的语句。它执行这些元素指定的计算并返回结果。在对一个表达式进行计算时，要按照运算符的优先级别从高到低进行，同一级别的运算按结合方向进行，为了使表达式结构清晰，建议适当使用“()”。当两个操作数类型不一致时，要注意类型转换问题。

例 2.4　表达式综合举例。

```
public class OutHello{
  public static void main(String args[ ]) {
  /* 字符串跟任意类型数据相加，均把其他类型数据转换为字符串后再进行加运算 */   int a=12, b=9;
  double c=3.5;
  System.out.println("a="+a+" , b="+b+" , c="+c);
  a+=b;      // 计算 a+b 并赋给 a
  System.out.println("a+=b:"+a);            // 输出 a+b，即此时的 a
  a%=b;                                     // 计算 a%b 并赋给 a
  System.out.println("a%=b:"+a);            // 输出 (a+b)%b，此时的 a
  c+=++a;   // 计算 c+(a+1) 并赋给 c，注意其中类型转换问题，此时 a 也自增 1
  System.out.println("a="+a+" , c="+c);
  }
}
```

程序运行结果：

```
a=12, b=9, c=3.5
a+=b:21
a%=b:3
a=4, c=7.5
```

2.1.4 通过控制台输入输出数据

1. Scanner 类的使用

Scanner 类可以创建一个输入对象，该类在 java.util 包中。

```
Scanner reader=new Scanner(System.in);   // System.in 可指键盘对象
```

以上语句可生成一个 Scanner 类对象 reader，然后借助 reader 对象调用 Scanner 类中的方法可实现读入各种类型数据。读入数据的方法如：

nextInt()：读入一个整型数据。

nextFloat()：读入一个单精度浮点数。

nextLine()：读入一个字符串。

例 2.5　输入两个整数，求两个数的和并输出。

```
import java.util.*;
public class InputDemo{
public static void main(String[ ] args)    {
   int x, y;
   System.out.print(" 请输入两个整数：");
   Scanner reader=new Scanner(System.in);
   x=reader.nextInt();
   y=reader.nextInt();
   System.out.print(" 和为："+(x+y));
   }
}
```

程序运行结果：

```
请输入两个整数：5 7
和为：12
```

2. 程序的编写规范

对于程序而言，好的编程习惯可以受用一生，同时其他程序员也可以从中受益，因此学习编程者一开始就应遵循一些编程规范进行程序代码的编写，以培养好的编程习惯。Java 语言作为目前流行的编程语言，已经有了 Java 语言规范的编码标准，深入学习和应用这些规范很有必要。下面我们将介绍这些规范。

（1）Java 注释。

在程序中添加适当的注释是程序员的良好习惯之一，注释对提高程序的可读性起着非常重要的作用，在程序调试过程中注释也起到重要的作用。Java 的注释有三种形式，可以根据需要进行选择使用：

1）行注释：行注释以 // 开始，以行结束符（回车或换行）结束，作用范围是 // 注释符及以后一行的内容，通常在注释内容较少时使用。例如：

```
int num;   // 声明变量
```

2）块注释：块注释以 /* 开始，以 */ 结束，作用范围是 /* 和 */ 之间的内容，可以是一行，也可以是多行。例如：

```
int num=10; /* 声明变量，并直接赋值 */
```

3）文档注释：文档注释以 /** 开始，以 */ 结束，作用范围是 /** 和 */ 之间的内容。之所以被称为文档注释，是因为这种注释可以被 javadoc 搜寻并编译成程序开发文档。

（2）代码编写格式规范。

为了提高程序的可读性，根据 Java 语言编码规范来书写程序也是十分必要的，下面介绍一些 Java 语言编码规范：

1）缩进：缩进应该是每行 2 个空格，不要在源文件中保存 Tab 字符。在使用不同的源代码管理工具时 Tab 字符将因为用户设置的不同而扩展为不同的宽度。

2）{} 对的使用：{、} 总是成对出现，} 语句永远单独作为一行，同时注意缩进对齐。例如：

```
if (i>0) {
  i ++;
}
```

3）括号的使用：一般而言，在含有多种运算符的表达式中使用圆括号来避免运算符优先级问题，是个好方法。即使运算符的优先级对你而言可能很清楚了，但对其他人未必如此。例如：

```
if ((a == b) && (c == d))
```

（3）命名规范。

命名规范使程序更易读，更易于理解。它们也可以提供一些有关标识符功能的信息，以助于理解代码。

1）变量名、对象名、方法名，均采用大小写混合的方式，第一个单词的首字母小写，其后单词的首字母大写。变量名不应以下划线或美元符号开头，尽管这在语法上是允许的。例如：

```
float myWidth;
int_employeeId;
```

2）类名、接口命名规则。类名、接口名是一个名词，采用大小写混合的方式，每个单词的首字母大写，尽量使类名简洁而富于描述。例如：

```
class Raster
class ImageSprite
interface RasterDelegate
interface Storing
```

任务 2.2 学生成绩统计

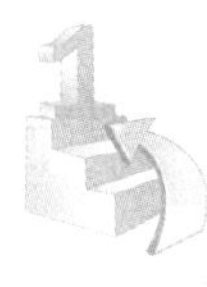

任务情境

在成绩管理系统中，有多名同学的“计算机网络技术”、“Java 程序设计”和“数据库技术”课程成绩需要从键盘输入，输入一名同学的全部课程成绩后才能输入下一名同学的全部课程成绩，当所有同学的成绩都输入完成后自动统计输出三门课程成绩均在 90 分以上的人数。

任务实现

```
import java.util.*;
public class CountDemo{
public static void main(String args[]) {
    int count=0;
    int network, java, database;
    int N=3;
    Scanner reader=new Scanner(System.in);
    for(int i=1; i<=N; i++)  {                               // 此处用了循环语句
    System.out.print(" 请输入第 "+i+" 名同学的三门课成绩：");
network=reader.nextInt();
java=reader.nextInt();
database=reader.nextInt();
        if(network>=90&&java>=90&&database>=90)           // 此处用了分支语句
    count++;
    }
    System.out.print(" 三门课成绩均在 90 分以上的人数有 "+count+" 人 ");
    }
}
```

程序运行结果：

```
请输入第 1 名同学的三门课成绩：87  96  89
请输入第 2 名同学的三门课成绩：92  95  90
请输入第 3 名同学的三门课成绩：87  98  91
三门课成绩均在 90 分以上的人数有 1 人
```

任务分析

要统计各门课成绩均在 90 分以上的人数，解题思路为输入 3 门课成绩，则马上判断这 3 门课成绩是否均在 90 分以上，如果均在 90 分以上则统计，这就用到分支结构。由于每名学生都要输入三门课成绩并统计，因此输入数据并判断成绩是否符合统计条件是重复执行的语句组，这就用到循环结构。

相关知识

2.2.1 分支语句

Java 分支语句有两重分支和多重分支两种。两重分支即 if-else 语句，多重分支即 switch 语句。

1. if-else 语句

if-else 语句的基本语法：

```
if (< 布尔表达式 >) {
< 语句块 1>
  }
  [ else {
     < 语句块 2>
}]
```

说明：

（1）else 子句根据需要可以没有，如果有，则必须与 if 配对使用。

（2）if-else 语句可以嵌套，即 else 子句可以为另一个 if-else 语句。

（3）如果布尔表达式为 true，则执行 <语句块 1>，否则，执行 <语句块 2>。

if-else 语句基本流程如图 2－1 所示。

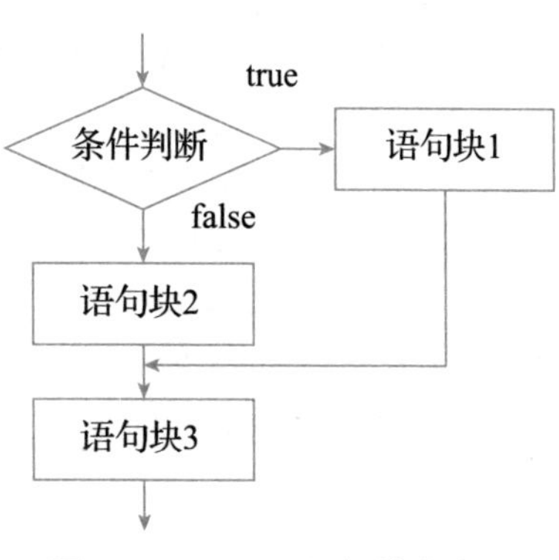

图 2－1 if-else 语句基本流程

例 2.6 随机产生一个 100 以内的数，判断是否大于 50。

```
public class IfElseDemo {
public static void main(String args[]) {
      double  a=Math.random()*100;            // 产生一个 100 以内的随机数并赋给 a
    System.out.println("a="+a);
      if (a>50){
        System.out.println("a>50!");    // 输出 a>50
      }
    else{
      System.out.println("a<=50!");             // 输出 a<=50
    }
  }
}
```

2. switch 语句

switch 语句的基本语法：

```
switch (< 表达式 >){
  case< 常数 1>:
    < 语句块 1>
    [break;]
```

```
    case< 常数 2>:
        < 语句块 2>
        [break;]
    ……
    default:
        < 语句块 n>
        [break;]
}
```

说明：

（1）default 子句根据需要可以没有，如果有，就必须与 switch 配对使用。

（2）switch 语句可以嵌套，即 case 子句可以为另一个 switch 语句。

（3）switch 语句执行时先计算 < 表达式 > 值，再根据此值来匹配各 case 后的常数。如果匹配，则执行此 case 后至其后第一个 break 间的语句或语句块；如果所有 case 后的常数都不匹配，则执行 default 后的语句或语句块。

（4）< 表达式 > 的类型必须和 int 类型相容，即 byte，short，char；< 表达式 > 的类型必须和各 case 后常数类型一致。

（5）程序执行过程中，一旦遇到某个 case 后的 break 语句，将结束整个 switch 语句，break 语句可以省略，但程序将执行下一个 case 语句段，这样很可能会引起意料之外的错误，除非需要这样做，否则不要省略 break 语句。

（6）可以使用 return 语句代替 break 语句，switch 语句若在循环中，continue 语句会使执行跳出 switch 结构。（注：return 语句、continue 语句将在后面介绍）

switch 语句基本流程如图 2－2 所示。

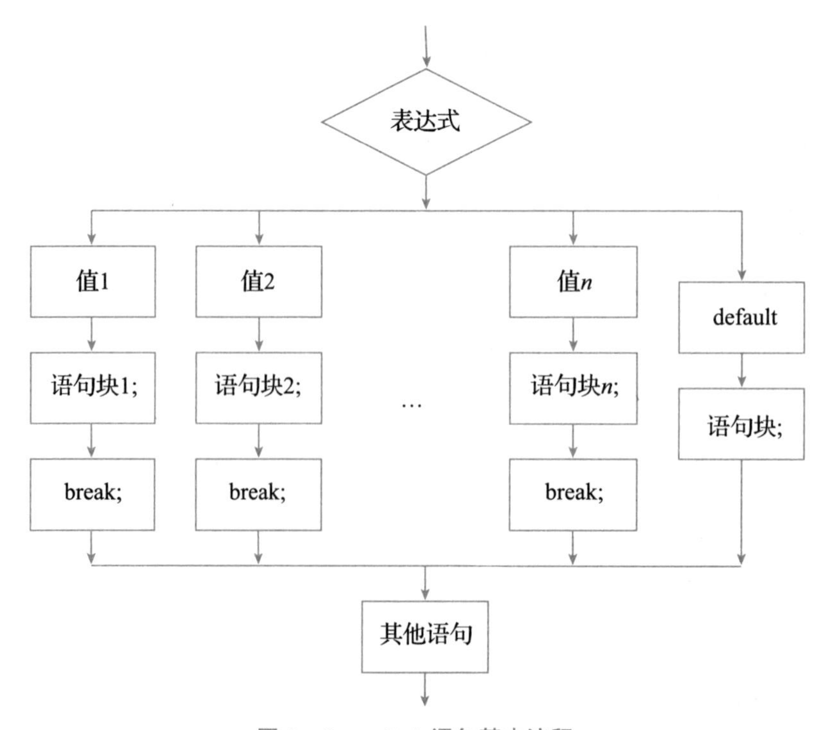

图 2－2　switch 语句基本流程

例 2.7 实现给学生成绩分级，90 ～ 100 分为 A 级，80 ～ 89 分为 B 级，70 ～ 79 分为 C 级，60 ～ 69 分为 D 级，0 ～ 59 分为 E 级。

```
public class SwitchDemo {
public static void main(String args[]) {
    int score=(int)(Math.random()*101);  // 产生一个 100 以内的随机数并赋给 a, 模拟学生成绩
    System.out.println("Your mark is "+a);
    switch (score/10){
    case 10:
    case 9:
      System.out.println("You are excellent!Your grade is A.");       // 输出 A
    break;
    case 8:
      System.out.println("Your grade is B.");                         // 输出 B
      break;
    case 7:
      System.out.println("Your grade is C.");                         // 输出 C
      break;
    case 6:
      System.out.println("You should make an extra effort!Your grade is D.");
      break;
    default:
      System.out.println("I am sorry!Your grade is E.");
      break;
  }
  }
}
```

程序运行结果：

```
Your mark is 65
You should make an extra effort !Your grade is D.
```

2.2.2 循环语句

循环语句允许重复执行语句块内容——循环体，Java 语言支持三种类型的循环结构：for 循环、while 循环和 do-while 循环。for 循环、while 循环在执行循环体前测试循环条件，而 do-while 循环先执行循环体再检查循环条件，也就是说 for 循环、while 循环的循环体可能一次也得不到执行，而 do-while 循环至少会执行一次循环体。

1. for 循环

for 循环的语法：

```
for (<初始表达式>; <条件判断表达>; <修改条件表达式>; ){
    <语句或语句块>;
}
```

说明：

（1）<初始表达式>用于设置循环控制变量的初值，该变量的作用范围为该 for 循环，可以设置多个循环控制变量，各循环控制变量间用“,”分隔；它只在 for 循环开始

时被执行。

（2）< 条件判断表达 > 为布尔表达式，如果为 true，则执行循环体一次，否则，终止执行 for 循环。它是在循环体执行之前被执行。

（3）< 修改条件表达式 > 用于修改循环控制变量的值，以使之符合循环次数的要求而能够正常结束循环。它是在循环体执行之后被执行。

（4）for 循环可以嵌套，即循环体可以仍然是一个 for 循环。

for 循环基本流程如图 2－3 所示。

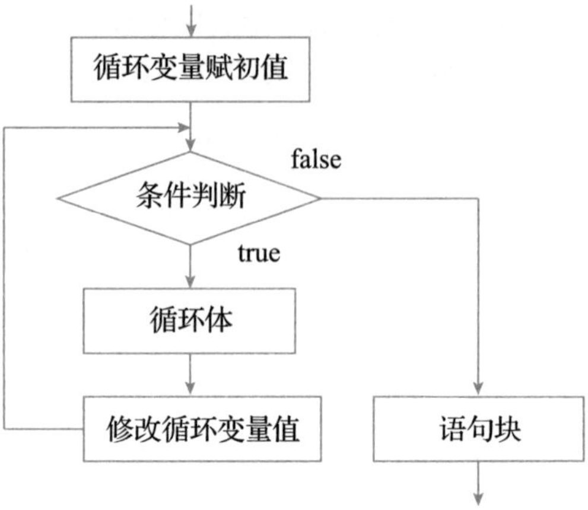

图 2－3　for 循环基本流程

例 2.8　用 for 循环打印“九九”乘法表。

```
public class ForDemo {
public static void main(String args[]){
      for(int i=1; i<=9; i++){
         for(int j=1; j<=i; j++){
            System.out.print(i+"*"+j+"="+i*j+",");
         }
System.out.println();    // 换行
      }
   }
}
```

程序运行结果：

```
1*1=1,
2*1=2, 2*2=4,
3*1=3, 3*2=6, 3*3=9,
4*1=4, 4*2=8, 4*3=12, 4*4=16,
5*1=5, 5*2=10, 5*3=15, 5*4=20, 5*5=25,
6*1=6, 6*2=12, 6*3=18, 6*4=24, 6*5=30, 6*6=36,
7*1=7, 7*2=14, 7*3=21, 7*4=28, 7*5=35, 7*6=42, 7*7=49,
8*1=8, 8*2=16, 8*3=24, 8*4=32, 8*5=40, 8*6=48, 8*7=56, 8*8=64,
9*1=9, 9*2=18, 9*3=27, 9*4=36, 9*5=45, 9*6=54, 9*7=63, 9*8=72, 9*9=81,
```

2. while 循环

while 循环的语法：

```
< 初始表达式 >
while (< 条件判断表达式 >){
   < 语句或语句块 >;
   < 修改条件表达式 >;
}
```

说明：

（1）< 初始表达式 > 用于设置循环控制变量的初值，它在 while 循环开始前被执行，可以省略，直接在条件判断表达式中设置。

（2）<条件判断表达式>为布尔表达式，如果为 true，则执行循环体一次，否则，终止执行 while 循环。它是在循环体执行之前被执行。

（3）<修改条件表达式>用于修改循环控制变量的值，以使之符合循环次数的要求而能够正常结束循环。它是在循环体执行过程中被执行。

（4）while 循环可以嵌套，即循环体可以仍然是一个 while 循环。

while 循环基本流程与 for 循环的一致。

例 2.9　用 while 循环打印“九九”乘法表。

```
public class WhileDemo {
public static void main(String args[]) {
   int i=1;
   while   (i<=9){
      int j=1;
      while   (j<=i){
         System.out.print(i+"*"+j+"="+i*j+",");
         j++;
      }
System.out.println();
      i++;
      }
   }
}
```

程序运行结果与例 2.8 相同。

3. do-while 循环

do-while 循环的语法：

```
<初始表达式>;
do{
   <语句或语句块>;
   <修改条件表达式>;
} while (<条件判断表达式>);
```

说明：

（1）<初始表达式>用于设置循环控制变量的初值，它在 do-while 循环开始前被执行。

（2）do-while 循环一开始就会执行循环体一次。

（3）<修改条件表达式>用于修改循环控制变量的值，以使之符合循环次数的要求而能够正常结束循环。它是在循环体执行过程中被执行。

（4）<条件判断表达式>为布尔表达式，如果为 false，则终止执行 do-while 循环。它是在循环体执行一次后被执行。

（5）do-while 循环可以嵌套，即循环体可以仍然是一个 do-while 循环。

do-while 循环基本流程如图 2－4 所示。

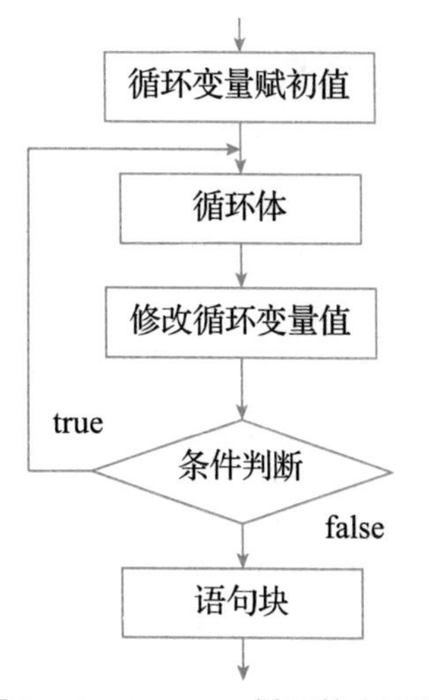

图 2－4　do-while 循环基本流程

例 2.10　求 e 的近似值，e=1+1/1+1/2!+1/3!+…。

```
public  class Example{
public static void main (String args[ ]) {
double sum=0, item=1;
int i=1;
do {
sum=sum+item;
i++;
item=item*(1.0/i) ;
   } while(i<=1000);
sum=sum+1;
System.out.println("e="+sum);
   }
}
```

程序运行结果：

```
e=2.7182818284590455
```

2.2.3　跳转语句

流程控制语句还有一类为跳转语句，Java 语言提供了 4 种这样的语句。

1. break 语句

break 语句用于从 switch 语句、循环语句和标记块中提前退出。前面 switch 语句中，已经用到过。在程序调试过程中，break 语句可以用来设置断点。

break 语句后可以带标签，也可以不带标签。

2. continue 语句

continue 语句用于跳过并跳到循环体最后，然后将控制返回到循环控制语句处。

continue 语句后可以带标签，也可以不带标签。

3. 标记块语句

标记块语句格式为：

```
<label>:< 语句 >
```

其中，label 为标签名，break 语句和 continue 语句可以引用此标签名。

4. return 语句

return 语句严格说不是跳转语句，它是方法的返回语句，它能使程序控制返回到调用它的方法。

例 2.11　分两行输出 1 ～ 10 这 10 个数，每行 5 个。

```
class ContinueDemo {
public static void main(String args[]) {
for (int count = 1; count <= 10; count++) {
if (count == 5) {
   System.out.println("  "+count);
   continue;
      }
```

```
    System.out.print("  "+count);
        }
      }
  }
```

程序运行结果：

```
1 2 3 4 5
6 7 8 9 10
```

任务 2.3 学生成绩排序

任务情境

在成绩管理系统中，有多名同学的“计算机网络技术”、“Java 程序设计”和“数据库技术”课程成绩需要从键盘输入，当输入完所有同学的各科成绩后，把所有同学的成绩算出总分并按降序排序。

任务实现

```
import java.util.*;
public class Sort{
public static void main(String args[]) {
int total;
int N=3;
  int score[][]=new int[N][4];                // 定义数组
int t[]=new int[4];
  Scanner reader=new Scanner(System.in);
for(int i=0; i<N; i++) {
    total=0;
    System.out.println(" 请输入第 "+(i+1)+" 个学生的三门成绩：");
for(int j=0; j<3; j++) {
  score[i][j]=reader.nextInt();              // 使用数组元素
  total=total+score[i][j];
    }
score[i][3]=total;
  }
  for(int i=1; i<N; i++)                      // 用直接插入法按总成绩排序
  for(int j=i-1; j>=0; j--) {
    if(score[i][3]>score[j][3]){              // 控制行数据的交换
      t=score[i];
      score[i]=score[j];
      score[j]=t;
    }
```

```
    }
    System.out.println(" 按总分排序后的成绩：");
for(int i=0; i<N; i++)
System.out.println(score[i][0]+"  "+score[i][1]+"  "+score[i][2]+"  "+score[i][3]);
    }
}
```

程序运行结果：

```
请输入第 1 个学生的三门成绩：
78 89 85
请输入第 2 个学生的三门成绩：
92 89 83
请输入第 3 个学生的三门成绩：
78 83 91
按总分排序后的成绩：
92  89  83  264
78  89  85  252
78  83  91  252
```

任务分析

要把多个学生的总成绩排序，考虑到如果用原先存储单个学生的几门课成绩定义几个变量，则对该项目来说定义的变量数将会大增，不利于程序员书写与阅读程序，因此引入数组，专门解决存储大量成绩数据的问题。

相关知识

2.3.1　一维数组

数组是相同类型的数据按顺序组成的一种复合数据类型，通过数组名加数组下标来使用数组中的数据，下标从 0 开始编号。

1. 一维数组的声明

一维数组的声明有下列几种方式：

（1）数据类型数组名 [ ]；例如：int a [ ]; float b[ ];

（2）数据类型 [ ] 数组名；例如：int [ ] age; String [ ]name;

数组元素的类型可以是 Java 的任何一种类型。假如已经定义了一个 People 类型，那么可以声明一个数组：

```
People student[];
```

则数组 student 中的元素是 People 类型的数据。

2. 创建数组

声明数组仅是给出了数组名字和元素的数据类型，要想真正使用数组，还必须为它分配内存空间，即创建数组。在为数组分配内存空间时必须指明数组的长度。为数组分配内存空间的格式如下：

```
数组名 [ ]=new 数据类型 [ 元素个数 ];
```

例如：

```
int score[ ]=new int[30];              //score 中每个元素的默认值为 0
String StudentName [ ]=new String [50]; //StudentName 中每个元素的默认值为 null
```

3. 一维数组的初始化

数组初始化是定义数组的同时为各元素赋初值的工作。初始化工作很重要，不要使用任何未初始化的数组。数组 a 的初始化：

```
int a[]={3, 5, 7, 9, 11};
```

则一维数组 a 的内存模型如图 2－5 所示。

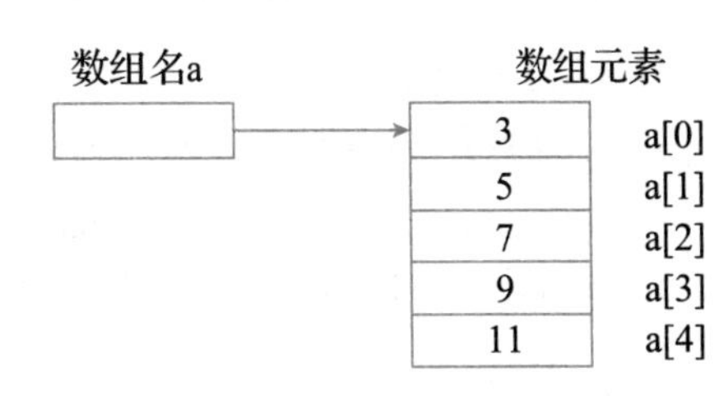

图 2－5　一维数组 a 的内存模型

4. 数组元素的引用

数组的引用即为引用数组中的元素，通过指定下标来引用一维数组。Java 数组的下标从 0 开始，引用时不能越界。数组元素的个数作为数组对象的一部分被存储在 length 属性中，数组元素的个数一旦确定，便不可修改。

一维数组的引用格式如下：

数组名 [下标];

例如：

```
StudentName[1];
StudentName[i];   // i 为整型变量
```

例 2.12　用一维数组元素计算 Fibonacci 序列值。

```
publicclass Fib_array {
public static void main(String args[]) {
int fib[]=new int[20];
int i, n=20;
fib[0]=0;
fib[1]=1;
for(i=2; i<fib.length; i++)
   fib[i]=fib[i-1]+fib[i-2];
for(i=0; i<fib.length; i++)
   System.out.print(" "+fib[i]);
      }
   }
```

程序运行结果：

```
0 1 1 2 3 5 8 13 21 34 55 89 144 233 377 610 987 1597 2584 4181
```

5. 一维数组的复制

Java 编程语言在 System 类中提供了一种特殊方法复制数组，该方法为 arraycopy()。

其作用是从指定源数组中复制一组数据到目标数组。

arraycopy() 的参数格式为：

```
arraycopy(Object src, int srcPos, Object dest, int destPos, int length)
```

例如，arraycopy 可作如下使用：

```
int ArrayA[ ] = { 1, 2, 3, 4, 5, 6 };                    // 源数组
int ArrayB [ ] = { 10, 9, 8, 7, 6, 5, 4, 3, 2, 1 };       // 目标数组
System.arraycopy(ArrayA, 0, ArrayB, 1, ArrayA.length);  // 将源数组（从第一个元素开始）复制至目标数组（从第二个元素开始），复制元素个数为源数组的长度
```

复制后，数组 ArrayB 有如下内容：10, 1, 2, 3, 4, 5, 6, 3, 2, 1。

2.3.2 二维数组

1. 二维数组的声明

二维数组的声明有下列几种方式：

```
数据类型数组名 [ ][ ]；例如：int Score [ ] [ ];
数据类型 [ ] [ ] 数组名；例如：int [ ] [ ] Score;
```

2. 创建二维数组

为二维数组分配内存空间的格式如下：

```
数组名 [ ]=new 数据类型 [ 元素个数 1 ] [ 元素个数 2 ]
```

例如：

```
Score =new int[3][4];
```

说明：

（1）在分配存储空间时，数组下标可以用变量。

（2）二维数组中每一维的大小可以不同。

例如：

```
int i=3, j=4;
int a[][]=new int[i][j];          // 在创建数组时下标使用变量
int b[][]=new int[3][ ];          // 在创建数组时仅确定了一维维数
b[0]=new int[3];                  // 指定第二维的维数
b[1]=new int[4];
b[2]=new int[5];
```

二维数组 b 的内存模型如图 2－6 所示。

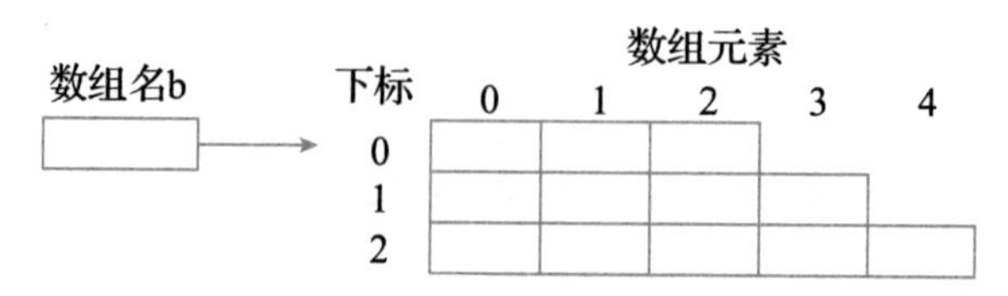

图 2－6　二维数组 b 的内存模型

3. 二维数组的初始化

二维数组初始化比一维数组要复杂些，不过方式与一维的类似。

例如：

```
int [ ] [ ] SidScore={{1, 68, 79, 90}, {2, 88, 75, 60}, {3, 75, 73}};    //第二维元素个数可不同
```

4. 二维数组的引用

二维数组元素的行数和列数作为数组对象分别被存储在各 length 属性中，arrayName.length 用于获取二维数组行数，arrayName[i].length 用于获取第 i 行的列数。

二维数组的引用格式如下：

```
数组名 [ 下标 1] [ 下标 2];
```

例如：

```
SidScore [1][2];
SidScore [i][2];      // i 为整型变量且已赋值
SidScore [i][i+2];   // i 为整型变量且已赋值
```

例 2.13 输入学生的各门课成绩后输出，并输出总成绩。

```
import java.util.*;
publicclass ScoreSort{
public static void main(String args[]) {
int total;
int N=3;
int score[][]=new int[N][4];
int t[]=new int[4];
   Scanner reader=new Scanner(System.in);
for(int i=0; i<N; i++) {
      total=0;
      System.out.println(" 请输入第 "+(i+1)+" 个学生的三门成绩：");
for(int j=0; j<3; j++) {
   score[i][j]=reader.nextInt();
   total=total+score[i][j];
      }
score[i][3]=total;
   }
   System.out.println(" 输出各门课成绩及总成绩：");
for(int i=0; i<N; i++)
System.out.println(score[i][0]+"  "+score[i][1]+"  "+score[i][2]+"  "+score[i][3]);
   }
}
```

程序运行结果：

```
请输入第 1 个学生的三门成绩：
82 92 89
请输入第 2 个学生的三门成绩：
91 93 87
请输入第 3 个学生的三门成绩：
```

```
93 96 88
输出各门课成绩及总成绩：
82  92  89  263
91  93  87  271
93  96  88  277
```

任务 2.4 菜单使用

任务情境

在成绩管理系统中，有成绩计算、成绩统计、成绩排序等功能，用户可根据需要选择某项功能，为使用户交互方便，可以定义并使用菜单功能。

任务实现

菜单定义与使用的核心代码。

```
publicclass XScjgl {
……
public static void main(String args[ ]) {
      cjlr();                  // 调用成绩录入模块
      System.out.println(" 成绩查询 ----1");
      System.out.println(" 成绩排序 ----2");
      System.out.println(" 退出程序 ---- 其他数字 ");
      System.out.print(" 请选择：");
int s=sc.nextInt();
switch (s){
      case 1:
      cjcx();                  // 调用成绩查询模块
   break;
      case 2:
         cjpx();               // 调用成绩排序模块
   break;
default:
   System.out.println(" 退出程序 ----0");
   }
   }
   // 成绩录入模块
public static void  cjlr() {
      // 成绩录入代码（略）
   …..
}
public  static void  cjcx(){
      // 按学号查找模块（代码略）
```

```
    ......
    }
    public static void cjpx(){
        // 按总分升序排序模块（代码略）
    ......
      }
    }
```

程序运行结果：

```
成绩查询 ----1
成绩排序 ----2
退出程序 ---- 其他数字
请选择：
```

任务分析

此程序框架中先调用成绩录入模块的功能，完成成绩录入，再根据用户的选择，根据提示由用户决定进行成绩查询、成绩排序或退出程序。其中的每个模块都对应一个方法，本程序在 main() 方法中根据需要调用其他的方法，涉及方法的定义与调用知识。

相关知识

2.4.1 方法的概念

方法是来完成子程序或者某个模块的功能。有主程序或者其他方法调用，其他方法之间可以相互调用。同一方法可以被一个或多个方法任意次调用。

说明：

（1）一个 Java 程序的执行是从 main 方法开始，也是在 main 方法中结束整个程序。

（2）一个 Java 程序中可有多个方法，所有方法是平行的，即在定义方法时是分别进行的，是互相独立的。

（3）方法之间可以相互调用，但不能调用 main 方法，main 方法是系统调用的。

2.4.2 方法的几种基本形式

1. 无参方法的定义与调用

（1）定义：

```
void 方法名 (){
    声明部分
    语句部分
}
```

（2）方法的调用：

方法名 ();

例 2.14　编写一个程序，有菜单输出功能，菜单项之间用“*”分隔。

```
public class OutMenu{
   public static void main(String[] args){
      System.out.println(" 程序功能：");
OutXing();
      System.out.println("1：输入数据 ");
OutXing();
      System.out.println("2：计算 ");
OutXing();
      System.out.println("3：输出结果 ");
   }
static void OutXing() {
int i;
for (i = 1; i <= 15; i++)
   System.out.print("*");
System.out.println();
   }
}
```

程序运行结果：

```
程序功能：
***************
1：输入数据
***************
2：计算
***************
3：输出结果
```

2. 有参方法的定义与调用

（1）定义：

```
void 方法名（形参列表）
{
   声明部分
   语句部分
}
```

（2）方法的调用：

方法名（实参列表）；

注意：每个形参必须分别定义类型，形参定义类型必须与实参类型一致。

例 2.15　键盘输入两个整数，调用求和的方法输出两数和。

```
import java.util.*;
public class CalSum{
   public static void main(String[] args){
```

```
int x, y;
        Scanner s=new Scanner(System.in);
        System.out.println(" 请输入两个加数：");
        x = s.nextInt();
        y = s.nextInt();
        Sum(x, y);
    }
static void Sum(int a, int b){
int s;
        s = a + b;
        System.out.println(" 和为："+s);
    }
}
```

3. 有返回值方法的定义与调用

（1）定义：

```
类型表示符方法名（形参列表）
{
    声明部分
    语句部分
    return 表达式；
}
```

（2）方法的调用：

```
方法名（实参列表）；
```

注意：返回值类型必须与方法声明类型一致。

例 2.16　输出两个整数，调用求和方法，利用方法返回值输出和。

```
import java.util.*;
publicclassReturnValue{
    publicstaticvoid main(String[] args){
    int x, y, z;
        Scanner s=newScanner(System.in);
        System.out.println(" 请输入两个加数：");
        x = s.nextInt();
        y = s.nextInt();
z=Sum(x, y);
        System.out.println(" 和为："+z);
    }
    staticint Sum(int a, int b){
int s;
        s = a + b;
return s;
    }
}
```

程序运行结果：

```
请输入两个加数：
25 92
和为：117
```

项目实训——学生成绩管理

一、实训主题

编写一个 Java 程序，实现班级学生的成绩管理功能，包括成绩录入、成绩查询、成绩排序。

二、实训分析

可假定班级考试科目有 3 门，班级人数 50 人，因此录入成绩时应分别把 50 人的 3 科成绩逐个输入，在录入成绩时可假定第 1 人学号为 1，第 2 人学号为 2，依此类推。

成绩录入完成有输入学号的提示，当用户输入提示后把相应学号的 3 科成绩输出。

成绩查询完成后，出现是否按总成绩由高到低排序输出每人成绩的提示，若输入"Y"，则把所有学生成绩按总成绩由高到低输出。

三、实训步骤

【步骤 1】定义一个二维数组，应存储 50 行 4 列数据，每行存储 1 个学生的 3 科成绩及总成绩；

【步骤 2】通过循环控制输入 50 行数据，每行代表每个同学的 3 科成绩；

【步骤 3】输入学号即数组数据的行号，相应行的 3 科成绩，完成查询功能；

【步骤 4】继续执行程序，当输入"Y"时，首先把每个人的总成绩计算，放到二维数组每行的最后一个单元，再实现按总成绩排序后由高到低输出各行成绩。

技能检测

一、选择题

1. 数组中可以包含什么类型的元素？(　　)

A. int 型　　B. String 型　　C. 数组　　D. 以上都可以

2．Java 中定义数组名为 Arr，下面哪项可以得到数组元素的个数？(　　)

A. Arr.length()　　B. Arr.length　　C. Arr (xyz)　　D. Arr ()

3. 下面哪条语句定义了 3 个元素的数组？(　　)

A. int [ ] a={20, 30, 40};　　B. int a [ ]=new int(3);

C. int [3] array;　　D. int [ ] arr;

4. 下面的代码段中，执行之后 i 和 j 的值是（　　）。

```
int i = 10;
int j;
j = i++;
```

A. 10, 10　　B. 11, 10　　C. 10, 11　　D. 11, 11

二、编程题

1. 试编写一个程序，输入三条边长值，并判断这三条边长能不能构成三角形，如果能，能构成什么样的三角形（一般三角形 / 等边三角形 / 等腰三角形）。

2. 试编写一个程序，读入 10 个学生的成绩，成绩在 0 ~ 59 分为 D，成绩在 60 ~ 79 分为 C，成绩在 80 ~ 89 分为 B，成绩在 90 ~ 100 分为 A，并输出成绩分别为 A、B、C、D 的人数。

3. 试编写一个程序，输出以下形式的图形。

```
******
  ******
   ******
     ******
```

4. 试编写游戏程序，完成猜数字游戏，数字是由计算机随机产生的 100 以内整数。一次就猜中得 100 分，2 次猜中得 90 分，依此类推，超过 10 次无分。程序最后输出参与者得分。

项目3

学生信息管理

项目导读

本项目讲解基本的学生信息管理功能的实现，内容涉及学生信息的存储与数据处理，可通过 Java 类具体实现。根据项目功能，本项目分解为 5 个任务：基础类人类的定义与使用、人类子类学生类的定义与使用、学生信息输出的多态性、通过接口实现学生的特定功能、通过系统类增强学生信息管理的功能。

学习目标

1. 掌握类与对象的定义与使用。
2. 理解类继承的含义。
3. 掌握类继承的定义与用法。
4. 掌握类的封装性、多态性的含义与用法。
5. 掌握接口的定义与使用。
6. 理解包的含义。
7. 掌握包的定义与使用。
8. 能使用系统包及系统类。
9. 能综合利用上述知识编写一般应用程序。

任务 3.1　基础类人类的定义与使用

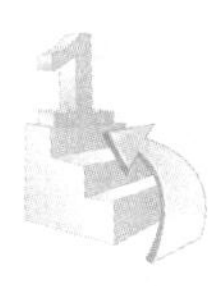

任务情境

在现实生活中我们会接触到各种各样的人，人都有姓名、性别、年龄等描述属性，而在程序世界中，就要遵从程序设计语言规范来描述人的属性。本任务要求能描述人的姓名、性别、年龄，并能进行自我介绍。

任务实现

```
public class Person{                //定义类
  String name, sex;                 //定义类的成员变量
  int age;
  public static void main(String[] args){
    Person p=new Person ();   //创建类对象
    p.name=" 李林 ";                //通过类对象为成员变量赋值
    p.sex=" 男 ";
    p.age=17;
    p.introduce();                  //通过类对象访问成员方法
    }
    public void introduce(){   //定义类的实例方法
      System.out.println("my name is:"+name);
      System.out.println("sex is:"+sex);
      System.out.println("age is:"+age);
      }
}
```

程序运行结果：

```
my name is: 李林
sex is: 男
age is:17
```

知识分析

本程序在实现功能时首先定义类，在类中定义成员变量及成员方法，通过类创建对象，并可通过对象访问成员变量和成员方法。

相关知识

3.1.1 类的创建

类是具有相同属性和行为的一组对象的集合，它为属于该类的所有对象提供了统一的抽象描述，其内部包括属性和行为两个主要部分。在面向对象的编程语言中，类是一个独立的程序单位，它应该有一个类名并包括属性说明和行为说明两个主要部分。类与对象的关系就如模具和铸件的关系，类的实例化结果就是对象，而对一类对象的抽象就是类。

1. 类的概念

类封装了一类对象的状态和方法。类是现实世界中实体的抽象集合，是封装了数据和对数据操作的复杂的抽象数据类型。类具有完整的功能和相对的独立性，可以包含更丰富的内涵、更好的安全性和更强大的功能。

2. 类的定义

（1）类定义的语法格式：

```
[ 修饰符 ] class 类名 [extends 父类名 ] [implements 接口名 ]{
  类体
}
```

修饰符：可以使用的修饰符有 public，final，abstract。

类名：符合标识符的定义规则，能基本体现类主要功能，习惯上类名的首字母大写。

类体：由两部分构成——成员变量的定义和成员方法的定义。成员变量用来描述对象的属性，成员方法用来说明对象的行为。在实际使用中可以只有变量定义而无方法定义，或只有方法定义而无变量定义。

（2）成员变量定义的语法格式：

```
[ 修饰符 ] 数据类型变量名;
```

成员变量的修饰符有 public，protected，private，final，static 等。

例 3.1 定义一个人类。

```
class Person2{
  String name, sex;
  int age;
  float height, weight;
}
```

该类的类体中只有变量定义而无方法定义，即该类仅描述了人类的属性而没描述人所具有的行为能力。

（3）方法定义的语法格式：

```
[ 修饰符 ] 返回值类型方法名 ([ 参数列表 ]) {
  方法体
}
```

方法前的修饰符有 public，protected，private，final，static。

返回值类型可以是任意一种 Java 类型，也可以是对象类型。当方法无返回值时，返回值类型为 void。

例 3.2 输出字符串“我在学习类的定义”。

```
class OutString{
  public  void outString(){
    System.out.println(" 我在学习类的定义 ");
  }
}
```

该类只有方法定义，完成了打印输出一个字符串的行为。

例 3.3 定义一个含成员变量与方法的人类。

```
class Person3{
  String name, sex;
  int age;
```

```
    float height, weight;
    public void outValue(){
        System.out.println(" 我的名字："+name+", 我的性别："+sex);
        System.out.println(" 我的年龄："+age);
        System.out.println(" 我的身高："+height+", 我的体重："+weight);
    }
}
```

该类既定义了成员变量，也定义了方法。

3. 成员变量和局部变量

在类中，变量按定义位置分为两种：

（1）在成员变量定义部分所定义的变量称为类的成员变量。成员变量在类内有效。

（2）在方法中定义的变量或方法的参数变量称为局部变量。局部变量在方法内有效。

定义变量时变量的类型可以是 Java 中的任何一种数据类型，包括用户定义的类，可以在定义成员变量时为其赋初值。

例 3.4 定义变量时使用自定义类。

```
class Exam1{
    int x;
    Person p;                                  // 类定义的变量作为成员变量
    public void setValue(int a, Person b) { // 类定义的变量作为方法的参数
        x=a;
        p=b;
    }
}
```

例 3.5 成员变量定义与使用。

```
public class Exam2{
    int x;
    float y=30.5f;          // 定义成员变量时提供初值
    double c;
    c=40.65;                // 非法，赋值表达式仅允许出现在方法中
    public void setX(int a){
        x=a;
    }
    public int getX(){
        return x;
    }
}
```

本例中，在方法 setX() 与 getX() 中分别使用了类的成员变量 x。

例 3.6 局部变量定义与使用。

```
public class Exam3{
    public void setX(int a){
        int x;
        x=a;
    }
    public int getX(){
```

```
        return x;   // 非法，x 是 setX() 方法中定义的变量，仅可在 setX() 方法中使用
    }
}
```

4. 构造方法

构造方法是一种特殊的方法，方法的名字必须与类的名字相同，方法无返回值类型。构造方法常用于用类创建对象时为对象的各成员变量提供初值。

例 3.7　圆类定义。

```
public class Circle2{
    float r;
    public Circle2 (){
        r=0;
    }
    public Circle2 (float x){
        r=x;
    }
    public float CalArea(){
        return 3.14*r*r;
    }
}
```

本例的类中包含两个构造方法，一个无参数，另一个有参数。当类中有多个同名方法时，称为方法重载。方法重载的用法将在后面详细介绍。

3.1.2　对象的创建

对象的概念：代表现实世界中可以明确标识的任何事物。

对象有自己的属性和行为。对象的属性是属性以及它们的当前值构成的集合。对象的行为是方法的集合。对象的属性定义对象是什么，对象的行为定义对象做什么。

对象和类的关系：类是用来定义对象的数据和方法的模板。可以用一个类定义许多实例，即对象。创建一个对象被称为实例化对象。

1. 创建对象

创建对象包括对象的声明和为对象分配内存两个步骤：

（1）对象的声明。

为了声明一个对象，必须用一个变量表示它，语法如下：

```
类名对象名;
```

如：

```
Person zhangsan;
```

基本数据类型的变量在声明的同时，系统就创建了这个变量并为它分配了适当的内存空间。也就是说，基本数据类型的变量，声明和创建是同时进行的。

但是对象变量的声明和创建是两个分离的步骤。对象的声明只是简单地把对象和类联系起来，使对象成为该类的一个实例。对象的声明没有创建对象。

（2）为对象分配内存。

要真正创建对象 zhangsan，需要用操作符 new 告知计算机为 Person 创建一个对象并

且为它分配适当的存储空间。

语法如下：

```
对象名 = new 类名 ();
```

如：

```
zhangsan=new Person();
```

也可以利用下面的语法把声明和实例化用一条语句完成：

```
类名对象名 = new 类名 ();
```

如：

```
Person zhangsan=new Person();
```

2. 对象的内存模型

我们先介绍一下简单数据类型和对象类型的区别。简单数据类型的每个变量名代表一个存储值的内存地址。对简单类型变量对应的内存存放简单类型的值。

对于对象类型变量来说，存放的是指向对象在内存中存储位置的引用。一个对象类型的变量被称为引用变量。

我们来分析用 Person 类创建 zhangsan 对象的内存分配模型。

执行语句：Person zhangsan;

用 Person 类声明一个变量 zhangsan 即对象 zhangsan 时，内存模型如图 3－1 所示。

zhangsan ⟶ null

图 3－1　未分配实体的对象

此时 zhangsan 的内存中还没有任何数据，称 zhangsan 是一个空对象。空对象还不能使用，需要再为对象分配内存。

执行语句：zhangsan=new Person(); 系统会完成如下两件事：

（1）为 zhangsan 的各个成员变量分配内存。如果成员变量在声明时没有指定初值，则如果成员变量为整型，自动提供默认值 0；如果是浮点型，自动提供默认值 0.0；对于布尔型，则提供默认值 false；对于引用型（对象类型），提供默认值 null。此时内存分配情况如图 3－2 所示。

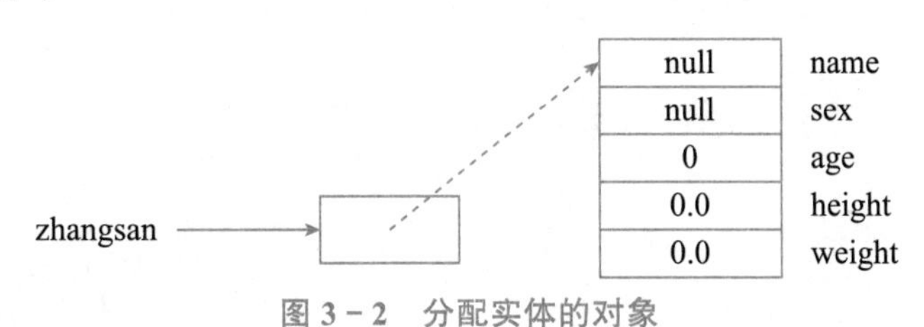

图 3－2　分配实体的对象

（2）此时系统给出一个信息，确保这些变量是属对于对象 zhangsan 的，即这些内存单元将由 zhangsan 使用。为做到这一点，系统把这些成员变量对应单元的起始位置即引用送给 zhangsan 对应的单元，见图 3－2。

此时通过 zhangsan 就可以访问各个成员变量对应的单元了。访问模型如图 3－3 所示。

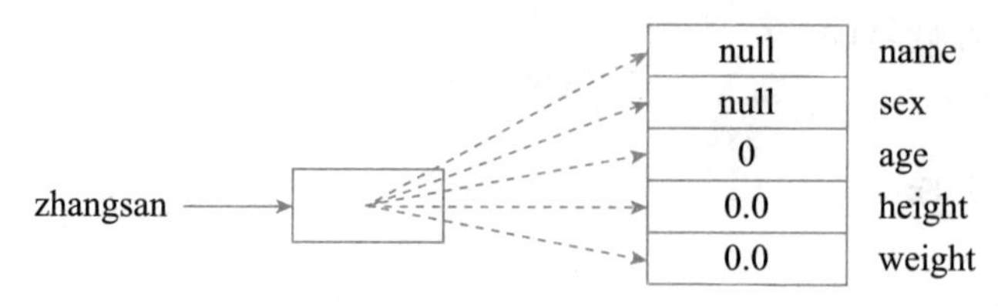

图 3－3　通过对象访问各成员

3. 对象成员的访问

当一个对象被创建后，可以通过使用“.”运算符实现对自己的成员变量与方法的访问。

访问成员变量的语法格式：

```
对象名 . 成员变量
```

访问成员方法的语法格式：

```
对象名 . 方法 ()
```

例 3.8　对象的成员变量与方法的使用举例。

```
class Person4{
  String name, sex;
  int age;
  float height, weight;
  public void outValue() {
    System.out.println("name:"+name);
    System.out.println("sex:"+sex);
    System.out.println("age:"+age);
    System.out.println("height:"+height);
    System.out.println("weight:"+weight);
  }
  public static void main(String args[]) {
    Person4 zhangsan=new Person4();
    zhangsan.name="zhangsan";
    zhangsan.sex="male";
    zhangsan.age=19;
    zhangsan.height=1.76f;
    zhangsan.weight=76;
    zhangsan.outValue();
  }
}
```

程序运行结果：

```
name: zhangsan
sex: male
age:19
height:1.76
weight:76
```

4. 对象的初始化

前面我们已经讲过构造方法的定义，构造方法可完成初始化对象的各成员变量的数据。在对象的内存模型中我们讲过，当为对象分配内存时，系统根据对象的各成员变量数据类型的不同提供了不同的默认值。但实际应用中，我们在创建对象时应指定对象的各个属性值，即各成员变量的初值。下面我们介绍利用构造方法给对象赋初值的用法。

例 3.9　通过构造方法为对象赋初值。

```
class Person5{
  String name, sex;
  int age;
  float height, weight;
  public Person5(String a, String b, int c, float d, float e) {
    name=a;
    sex=b;
    age=c;
    height=d;
    weight=e;
  }
  public void outValue() {
    System.out.println("name:"+name);
    System.out.println("sex:"+sex);
    System.out.println("age:"+age);
    System.out.println("height:"+height);
    System.out.println("weight:"+weight);
  }
  public static void main(String args[]) {
    Person5 zhangsan=new Person5("zhangsan","male" , 19, 1.76f, 76);
    zhangsan.outValue();
  }
}
```

该程序完成了与例 3.8 相同的功能，但区别是在该程序中，在创建对象 zhangsan 的同时，指定了各属性值，这些值通过调用构造方法赋给了各成员变量。

构造方法的调用是一种隐式调用，当为对象实例化时自动被调用。如果定义的类没有定义构造方法，则系统自动为类增加一个不带参数的构造方法，在该构造方法中完成给各成员变量提供默认值。

5. 类的静态成员

在定义变量时若类型前以 static 修饰，则定义的变量称为静态变量或称为类变量，没有用 static 修饰的变量称为实例变量。在定义方法时，若在方法的返回值类型前以 static 修饰，则定义的方法称为类的静态方法或类方法，没有用 static 修饰的方法称为实例方法。

（1）类变量。

为说明类变量的使用，下面我们定义一个家庭成员类，该类的属性有家庭成员姓名（name）、家庭资金（count）。用该类创建的对象都是该家庭的成员，且他们都可支配家庭资金。

例 3.10　家庭资金为非类变量时的运行结果。

```
class HMember{
  String name;
  float count=50000;
```

```
    public HMember(String a) {
        name=a;
    }
    public void fetchMoney(float x) {        // 取款操作
        if(x<=count)
            count=count-x;
        else
            System.out.println(" 家中没那么多钱了！ ");
    }
    public void addMoney(float x) {          // 存款操作
        count=count+x;
    }
    public static void main(String args[]){
        HMember hm1, hm2, hm3;
        hm1=new HMember("mem1");
        hm2=new HMember("mem2");
        hm3=new HMember("mem3");
        hm1.fetchMoney(600);
        System.out.println("mem1 取 600 元后：");
        System.out.println("mem1 家中还有的钱数："+hm1.count);
        System.out.println("mem2 家中还有的钱数："+hm2.count);
        System.out.println("mem3 家中还有的钱数："+hm3.count);
        hm2.addMoney(1500);
        System.out.println("mem2 存入 1500 元后：");
        System.out.println("mem1 家中还有的钱数："+hm1.count);
        System.out.println("mem2 家中还有的钱数："+hm2.count);
        System.out.println("mem3 家中还有的钱数："+hm3.count);
    }
}
```

运行运行结果：

```
mem1 取 600 元后：
mem1 家中还有的钱数：49400
mem2 家中还有的钱数：50000
mem3 家中还有的钱数：50000
mem2 存入 1500 元后：
mem1 家中还有的钱数：49400
mem2 家中还有的钱数：51500
mem3 家中还有的钱数：50000
```

从上面的例子可以看出，不同对象的实例变量由于被分配了不同的内存空间，使得各个对象本应共享的存储单元 count 没有实现共享，而是每个对象分别拥有自己的 count，为此可把 count 设为类变量。

例 3.11 类变量的使用。

```
class HMember{
    String name;
    static float count=50000;
    public HMember(String a) {
```

```
        name=a;
    }
    public void fetchMoney(float x) {      //取款操作
        if(x<=count)
            count=count-x;
        else
            System.out.println(" 家中没那么多钱了！ ");
    }
    public void addMoney(float x) {        //存款操作
        count=count+x;
    }
    public static void main(String args[]){
        HMember hm1, hm2, hm3;
        hm1=new HMember("mem1");
        hm2=new HMember("mem2");
        hm3=new HMember("mem3");
        hm1.fetchMoney(600);
        System.out.println("mem1 取 600 元后：");
        System.out.println("mem1 家中还有的钱数："+hm1.count);
        System.out.println("mem2 家中还有的钱数："+hm2.count);
        System.out.println("mem3 家中还有的钱数："+hm3.count);
        hm2.addMoney(1500);
        System.out.println("mem2 存入 1500 元后：");
        System.out.println("mem1 家中还有的钱数："+hm1.count);
        System.out.println("mem2 家中还有的钱数："+hm2.count);
        System.out.println("mem3 家中还有的钱数："+hm3.count);
    }
}
```

运行运行结果：

```
mem1 取 600 元后：
mem1 家中还有的钱数：49400
mem2 家中还有的钱数：49400
mem3 家中还有的钱数：49400
mem2 存入 1500 元后：
mem1 家中还有的钱数：50900
mem2 家中还有的钱数：50900
mem3 家中还有的钱数：50900
```

由于把 count 设为了类变量，则该类的所有对象都分配了相同的一处内存 count，任何一个对象改变了变量 count 的值，则直接影响到其他对象的使用。

类变量的引用方法还可如下：

```
类名.成员变量名
```

（2）类方法。

用 static 修饰的方法为类方法。类方法与实例方法的区别是：

1）分配地址时间不同。当类的字节码文件被加载到内存时，类的实例方法不会被分配入口地址，只有当该类创建对象后，类的实例方法才分配入口地址，从而可被对象调用执行。对于类方法，在该类被加载到内存时，就分配了入口地址，因而类方法不仅可以为该类对象调用执行，也可以直接通过类名调用执行。

2）入口地址撤销时间不同。实例方法的入口地址是类的所有对象都不存在时，入口地址被撤销。而类方法只有程序执行完退出时才撤销。

如前所述，类方法的调用方法还可如下：

```
类名 . 方法名 ()
```

注意：类方法只能访问类方法和类变量，而不能访问实例方法与实例变量。

6. 简单类型和对象类型变量的赋值

（1）简单类型变量的赋值：

```
int x=3, y=4;
x=y;
```

语句 x=y 的作用是把 y 的值 4 赋给变量 x，y 的值不变。

（2）对象类型变量的赋值：

```
Person zhangsan, lisi;
zhangsan=new Person();
lisi=zhangsan;
```

语句 lisi=zhangsan 是把 zhangsan 的引用赋给了 lisi，即 lisi 和 zhangsan 使用了同一个单元，zhangsan 和 lisi 代表同一个对象。

对于对象类型变量，它仅仅是将一个对象变量的引用值赋给另一个对象变量。

7. 垃圾回收

Java 运行系统监测垃圾并自动收回垃圾对象占用的空间，这个过程称为垃圾回收（garbage collection）。

如果认为一个对象已经不再需要，可以将该对象的引用变量明确赋值为 null，Java 虚拟机将会自动收回那些不被任何变量引用的对象所占的空间。

```
Person zhangsan, lisi;
zhangsan=new Person();
lisi= new Person();
lisi=zhangsan;
```

执行完上述语句，lisi 原先所指对象占据的空间将被系统收回。

任务 3.2　人类子类学生类的定义与使用

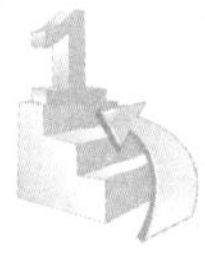

任务情境

前面我们定义了人类，描述了人类的基本特征，但现实中根据特殊需要，还需要对人类进一步地细分子类，如根据职业分可分为工人、农民、教师、学生等，这些群体既具有人的基本特征和能力，还有各自行业的不同特征与能力，子类描述中可继承人类的基本特征和能力，再扩充职业特点相关的特征和能力。

任务实现

```
class Person6{
  String name, sex;
  public Person6(String xm, String xb) {
    name=xm;
    sex=xb;
  }
  public void outValue(){
    System.out.println(" 我的名字："+name+", 我的性别："+sex);
  }
}
class Student extends Person6{              // 定义 Person6 的子类
  String banji;
  int xuehao;
  public Student(String xm, String xb) {
    super(xm, xb);                          // 调用父类构造方法
  }
  public void outStudentValue() {           // 增加子类方法
    outValue();                             // 子类方法中调用继承的父类方法
    System.out.println(" 我的班级："+banji);
    System.out.println(" 我的学号："+xuehao);
  }
  public static void main(String[] args){
    Student st=new Student(" 孙楠 "," 男 ");
    st.banji=" 大学一年级 ";
    st.xuehao=20190701;
    st.outStudentValue();
  }
}
```

程序运行结果：

```
我的名字：孙楠，我的性别：男
我的班级：大学一年级
我的学号：20190701
```

任务分析

本程序在实现功能时首先定义了父类 Person 的子类，在子类定义中新增了成员变量及成员方法，通过子类创建了子类对象，可通过子类对象访问子类新增的方法并调用父类继承下来的方法，也可通过 super 调用父类的方法。

相关知识

继承是一种由已有的类创建新类的机制。利用继承，我们可以先创建一个共有属性和行为的一般类，根据一般类再创建具有特殊属性和行为的新类。新类继承一般类的属性和行为，并根据需要增加它自己的新的状态和行为。由继承而得到的类称为子类，被继承的类称为父类（超类）。子类与父类的继承关系如图 3－4 所示。

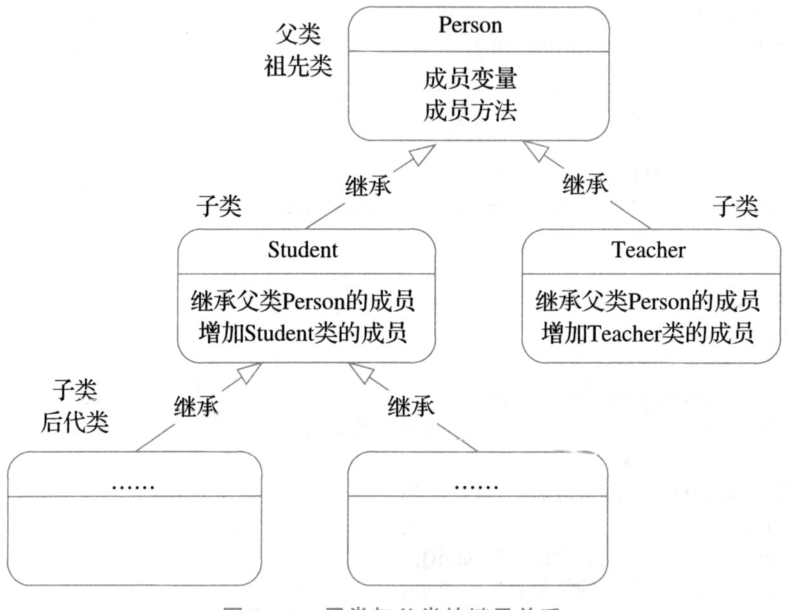

图 3－4　子类与父类的继承关系

3.2.1　创建子类

1. 语法格式

创建子类的语法格式如下：

```
class 子类名 extends 父类名 {
类体
}
```

例 3.12　定义类与子类的应用举例。

```
class Person3{
   String name, sex;
   int age;
   public void setValue(String a, String b, int c){
      name=a;
      sex=b;
      age=c;
   }
   public void outValue() {
      System.out.println("name:"+name);
```

```
        System.out.println("sex:"+sex);
        System.out.println("age:"+age);
    }
}
// 定义 Person 类的子类
```

Person 类的子类的定义如下：

```
class Student extends Person3{
    String classname;
    int grade;
    public void setVS(String a, String b, int c, String d, int e){
        name=a;
        sex=b;
        age=c;
        classname=d;
        grade=e;
    }
    public void out(){
        outValue();
        System.out.println("class:"+classname);
        System.out.println("grade:"+grade);
    }
    public static void main(String args[]) {
        Person3 zhangsan=new Person3();
        zhangsan.setValue("zhangsan","male" , 17);
        zhangsan.outValue();
        Student sunyu=new Student();
        sunyu.setVS("sunyu" , "female" , 16, " article4" , 2);
        sunyu.out();
    }
}
```

程序运行结果：

```
name: zhangsan
sex: male
age:17
name: sunyu
sex: female
age:16
class: article4
grade:2
```

通过上面的程序我们可以看出，子类 Student 继承了父类 Person3 中的属性 name、sex、age，新增了属性 classname、grade，继承了父类 Person3 中的方法 setValue()、outValue()，所以在子类新增的 out() 方法中直接调用了继承来的 outValue() 方法。

子类继承父类时的一些约定：

（1）子类可以继承父类的成员变量，包括实例成员变量和类成员变量。

（2）子类可以继承父类除构造方法以外的成员方法，包括实例成员方法和类成员方法。

（3）子类可以重定义父类成员。子类不能继承父类的构造方法是因为父类构造方法创建的是父类对象，子类必须定义自己的构造方法，创建子类自己的对象。

2. 类的封装性

Java 语言中，对象就是对一组变量和相关方法的封装，其中变量表明了对象的属性，方法表明了对象具有的行为。通过对象的封装，实现了模块化和信息隐藏。通过对类的成员施以一定的访问权限，实现了类中成员的信息隐藏。

Java 语言中有 4 种不同的限定词，提供了 4 种不同的访问权限。

（1）private。

类中限定为 private 的成员，只能被这个类本身访问。

如果一个类的构造方法声明为 private, 则其他类不能生成该类的一个实例。

（2）default。

类中不加任何访问权限限定的成员属于缺省的（default）访问状态，可以被这个类本身和同一个包中的类所访问。包的含义相当于文件夹，将在后面讲述。

（3）protected。

类中限定为 protected 的成员，可以被这个类本身、它的子类（包括同一个包中以及不同包中的子类）和同一个包中的所有其他的类访问。

（4）public。

类中限定为 public 的成员，可以被所有的类访问。

表 3－1 列出了这些限定词的作用范围。

表 3－1　Java 中类的限定词的作用范围比较

权限修饰符	同一个类	同一个包	不同包的子类	不同包非子类
private	√			
default	√	√		
protected	√	√	√	
public	√	√	√	√

例 3.13　权限修饰符的应用举例。

```
class Computer{
  private String cpu;
  public String 显示器;
  public Computer(String monitor)   {
    cpu = " 英特尔 P3 塞扬 1G";
    显示器 = monitor;
  }
  private void 获取 CPU 型号 ()   {
    System.out.println(cpu);
  }
  public void 显示 ()   {
```

```
        System.out.println ( 显示器 );
        获取 CPU 型号 ();
    }
    public static void main(String arg[]){
        Computer ibm = new Computer("IBM");
        ibm. 显示 ();
        System.out.println("CPU:"+ ibm.cpu);          // 正确，可以访问
    }
}
public class DataHide{
    public static void main(String arg[]){
        Computer dell = new Computer(" 美格 ");
        dell. 显示 ();
        System.out.println("CPU:"+ dell.cpu);          // 错误，不能访问
    }
}
```

上面的程序不能运行的原因是，在另一个类 DataHide 中用 Computer 类定义了对象 dell，且通过该对象去访问类的私有成员变量 cpu，因此会出现错误。

把上面程序中的错误行去掉后，程序运行结果为：

```
IBM
英特尔 P3 塞扬 1G
CPU：英特尔 P3 塞扬 1G
```

这里方法和成员变量的隐藏只能是相对于另一个类来说的，在类本身不存在隐藏的概念，就像人不能对自己隐藏什么。私有成员的访问可以借助本类的公有方法访问。

例 3.14 在其他类中借助类的公有方法访问类的私有成员。

```
class Person4{
    String name;
    int age;
    public Person4(String xm, int nl){
        name= xm;
        age = nl;
    }
    private void introduce1(){
        System.out.print(" 名字："+name + " 年龄："+ age);
    }
    public void introduce2(){
        introduce1();
    }
}
class Student2 extends Person4{
    String grade;
    public Student2(String xm, int nl){
    super(xm, nl);                    // 调用父类构造方法，在后面会详细讲到
    grade = " 二年级 ";
}
public void speak(){
```

```
// introduce1();                    // 错误，私有方法不能继承
   System.out.println();
   introduce2();
   System.out.println(" 年级："+grade);
   }
}
class ExtendsDemo{
   public static void main(String arg[]){
      Person4 p1= new Person4(" 小明 ", 7);
      //   p1.introduce1();         // 错误，不能在其他类中直接访问类的私有成员
      p1.introduce2();              // 正确
      Student2 st1=new Student2(" 小芳 ", 7);
      st1.speak();
   }
}
```

若不将错误行删除，则程序无法通过编译。若将错误行删除，则程序运行结果如下：

```
名字：小明年龄：7
名字：小芳年龄：7 年级：二年级
```

3.2.2 this 和 super 引用

1. 使用关键字 this

（1）用关键字 this 可以访问隐藏的实例变量。

在类中若成员变量名与方法中的变量相同，在方法中若直接使用同名的变量，则使用的是方法中定义的变量，即局部变量，此时成员变量被隐藏。若想在方法中使用同名变量中的成员变量，需借助 this 关键字。

例 3.15 在方法中访问隐藏的实例变量。

```
class Foo{
   int i=5;
   void setI(int i)   {
      this.i=i;              // 把局部变量 i 的值赋给成员变量 i
   }
   public static void main(String args[]) {
      Foo  f=new  Foo();
      f.setI(10);
      System.out.println(" 类的成员变量 i 的值现为："+f.i);
   }
}
```

程序运行结果：

```
类的成员变量 i 的值现为：10
```

（2）在构造方法中使用关键字 this。

在构造方法中调用类中另一构造方法，可借助语句 this()，this() 语句必须出现在构造方法的第一行。

例 3.16 通过 this 调用构造方法。

```
public class Circle{
   private double radius;
   public Circle(double radius)   {
      this.radius=radius;
      System.out.println(" 在带参数的构造方法中给半径赋了值 ");
   }
   public Circle()   {
      this(1.0);
      System.out.println(" 现在执行的是无参构造方法 ");
   }
}
```

2. 使用关键字 super

关键字 super 指的是使用 super 所在类的父类。这个关键字用法如下：

（1）调用父类的构造方法。

```
super([ 参数 ]);
```

例 3.17 通过 super 调用父类的构造方法。

```
class Student3 {
   int number; String name;
   Student3(int number, String name) {
      this.number=number; this.name=name;
      System.out.println("I am "+name+ "my number is "+number);
   }
}
class Univer_Student extends Student3 {
   boolean 婚否;
   Univer_Student(int number, String name, boolean b) {
      super(number, name);
      婚否 =b;
      System.out.println(" 婚否 ="+ 婚否 );
   }
}
public class Example{
   public static void main(String args[]) {
      Univer_Student zhang=new Univer_Student(9901," 和晓林 ", false);
   }
}
```

程序运行结果：

```
I am 和晓林 my number is 9901
婚否 =false。
```

注意：

1）语句 super() 和 super（参数）必须出现在构造方法的第一行，而且是调用父类构造方法的唯一方式。

2）如果在子类的构造方法中，没有显示使用 super 关键字调用父类的某个构造方法，则默认执行：super() 语句。即调用父类不带参数的构造方法。如果父类没有提供不带参数的构造方法，就会出现错误。

（2）调用父类的实例方法。

关键字 super 也可以用来引用父类中构造方法之外的其他方法，语法如下：

```
super. 方法名 ([ 参数 ]);
```

（3）调用父类被隐藏的成员变量。

```
super. 变量名
```

例 3.18　通过 super 调用父类被隐藏的成员变量。

```
class Sum{
    int n;
    float f() {
    float sum=0;
    for(int i=1; i<=n; i++)
    sum=sum+i;
    return sum;
  }
}
class Average extends Sum {
  int n;
  float f() {
    float c;
    super.n=n;
    c=super.f();
    return c/n;
  }
  float g() {
    float c;
    c=super.f();
    return c/2;
  }
}
public class Example{
  public static void main(String args[]) {
    Average aver=new Average();
    aver.n=100;
    float result_1=aver.f();
    float result_2=aver.g();
    System.out.println("result_1="+result_1);
    System.out.println("result_2="+result_2);
  }
}
```

程序运行结果：

```
result_1=50.50
result_2=2525.0
```

在本例中，Average 类是 Sum 类的子类，在子类中借助于关键字 super，既访问了父类的成员变量 *n*，也访问了父类的方法 f()。

任务 3.3 学生信息输出的多态性

任务情境

前面我们定义了学生类，类中有多项描述属性的成员变量，且有的用不同名的方法输出类中的某个或某几个成员变量，在 Java 类中可以有多个同名的方法同时定义，可以由系统根据不同条件调用同名方法中的某一个。如一个学生类中，可以有多个 outValue() 方法，每个 outValue() 完成的功能略有不同，但均是输出类的成员变量值的。

任务实现

```
class Student4 {
  String name;
  int age;
  float height;
  public void outValue(String xm) {
    System.out.println(" 我的名字："+xm);
  }
  public void outValue(String xm, int nl) {
    System.out.println(" 我的名字："+xm+" 年龄："+nl);
  }
  public void outValue(String xm, int nl, float sg) {
    System.out.println(" 我的名字："+xm+" 年龄："+nl+" 身高："+sg);
  }
  public static void main(String[] args){
    Student4 st=new Student4();
    st.outValue(" 王小飞 ", 17);
    st.outValue(" 李子亮 ");
    st.outValue(" 孙月 ", 16, 1.72f);
  }
}
```

程序运行结果：

```
我的名字：王小飞年龄：17
我的名字：李子亮
我的名字：孙月年龄：16 身高：1.72
```

任务分析

本程序 Student4 类中定义了 3 个同名方法 outValue()，但在通过类对象访问 outValue() 方法时，系统会自动根据参数个数、参数类型确定执行哪个方法，这体现为 Java 程序的多态性。

相关知识

面向对象的编程语言必须支持多态性，多态性的含义是指同名的多个方法完成不同的行为能力。根据同名方法所处的类的不同，多态性分为方法重载和方法覆盖两种。方法重载也称为编译时多态，方法覆盖也称为运行时多态。

3.3.1 方法重载

方法重载是指同一个类中多个方法享有相同的名字，但是这些方法的参数必须不同，参数不同是指参数的个数不同，或者参数的类型不同。返回值类型不能用来区分重载的方法。

参数类型的区分度一定要足够，例如不能是同一简单类型的参数，如 int 与 long。

在编译阶段，具体调用哪个被重载的方法，编译器会根据参数的不同来静态确定调用相应的方法，所以我们也称方法重载为编译时多态。

方法重载分两种：构造方法重载和实例方法重载。

1. 构造方法重载

当类中的构造方法有多个时，在创建对象时系统会根据参数不同决定调用其中的某个构造方法。

例 3.19 构造方法重载举例。

```
class Person7{
  static int count=0;
  String name;
  int age;
  public Person7(String n1, int a1){
    name=n1;
    age=a1;
    count++;
  }
  public Person7(String n1)   {
    this(n1, 0);
  }
  public Person7(int a1)   {
    this(" 未知名 ", a1);
  }
  public Person7()   {
    this(" 未知名 ");
  }
```

```
    public void print()    {
        System.out.print("count="+this.count+"  ");
        System.out.println("  "+name+","+age);
    }
    public static void main(String args[]) {
        Person p1=new Person(" 周小虎 ", 19);
        p1.print();
        Person p2=new Person(" 朱立安 ");
        p2.print();
        Person p3=new Person(18);
        p3.print();
        Person p4=new Person();
        p4.print();
    }
}
```

程序运行结果：

```
count=1 周小虎，19
count=2 朱立安，0
count=3 未知名，18
count=4 未名名，0
```

在本例中，类中有几个构造方法，借助于关键字 this，可以实现执行的构造方法再次调用本类中的其他构造方法，既实现了构造方法重载，也可避免代码重复编写。

2. 实例方法重载

当类中有多个同名的实例方法时，通过对象调用方法时会根据参数不同决定调用其中的某个同名实例方法。

例 3.20 实例方法重载举例。

```
class Calculation{
    public void add(int a, int b) {
        int c = a + b;
        System.out.println(" 两个整数相加得 "+ c);
    }
    public void add(float a, float b) {
        float c = a + b;
        System.out.println(" 两个浮点数相加得 "+c);
}
public void add(String a, String b) {
        String c = a + b;
        System.out.println(" 两个字符串相加得 "+ c);
    }
}
class CalculationDemo {
    public static void main(String args[]) {
        Calculation c = new Calculation();
        c.add(10, 20);
        c.add(40.0F, 35.65F);
```

```
        c.add(" 早上 ", " 好 ");
    }
}
```

程序运行结果：

```
两个整数相加得 30
两个浮点数相加得 75.65
两个字符串相加得早上好
```

3.3.2 方法覆盖

在类层次结构中，如果子类中的一个方法与父类中的方法有相同的方法名并具有相同数量和类型的参数列表，这种情况称为方法覆盖。

在介绍方法覆盖的具体应用之前，我们来介绍一下上转型对象。所谓上转型对象，是指有父类 A 与子类 B，当我们用子类 B 创建一个对象并把这个对象的引用赋给 A 类对象时，则把父类对象称为 B 类对象的上转型对象。

如：

```
A  a;
B b=new B();
a=b;
```

则称这个父类对象 a 是子类对象 b 的上转型对象。

对象的上转型对象的实体是子类负责创建的，但上转型对象会失去原对象的一些属性和功能。

（1）上转型对象不能操作子类新增的成员变量与成员方法。

（2）上转型对象可以操作子类继承或重写的成员变量与方法。

（3）如果子类重写父类的某个方法后，通过上转型对象调用的方法一定是调用了重写的方法。

当一个覆盖方法通过父类引用被调用，Java 根据当前被引用对象的类型来决定执行哪个方法。

例 3.21　通过重写父类方法实现多态性举例。

```
class Animal{
    void cry()   {
        System.out.println(" 有叫声 ");
    }
}
class Dog extends Animal{
    void cry()   {
        System.out.println(" 汪汪 ...");
    }
}
class Cat extends Animal{
    void cry()   {
        System.out.println(" 喵喵 ...");
```

```
    }
}

class Bird extends Animal{
    void cry()    {
        System.out.println(" 啾啾 ...");
    }
}
class Example{
    public static void main(String args[]) {
        Animal a1;
        a1=new Dog();
        a1.cry();
        Animal a2;
        a2=new Cat();
        a2.cry();
        Animal a3;
        a3=new Bird();
        a3.cry();
    }
}
```

程序运行结果：

```
汪汪 ...
喵喵 ...
啾啾 ...
```

通过上面的例子我们可以看出，声明的对象 a1、a2、a3 均为父类 Animal 对象，但把子类对象的引用赋给它们，再通过它们调用重写的父类方法时，调用的却是子类中重写的方法，从而实现了同一类对象根据赋予的引用对象的不同来实现不同的行为。

说明：

（1）在子类覆盖父类的某个方法时，不能降低方法的访问权限。

（2）子类不能覆盖父类中声明为 final 或 static 的方法。

（3）可以通过 super 关键字调用父类中被覆盖的成员。

例 3.22 通过 super 关键字调用直属父类中被覆盖的成员应用举例。

```
class SuperClass{
    int x;
    SuperClass() {
        x=3;
        System.out.println("in SuperClass : x=" +x);
    }
    void doSomething() {
        System.out.println("in SuperClass.doSomething()");
    }
}
class SubClass extends SuperClass{
    int x;
```

```
    SubClass() {
        super();                              // 调用父类的构造方法
        x=5;                                  // super() 要放在方法中的第一句
        System.out.println("in SubClass :x="+x);
    }
    void doSomething() {
        super.doSomething();                  // 调用父类的方法
        System.out.println("in SubClass.doSomething()");
        System.out.println("super.x="+super.x+" sub.x="+x);
    }
}
class Inheritance {
    public static void main(String args[]) {
        SubClass subC=new SubClass();
        subC.doSomething();
    }
}
```

程序运行结果：

```
inSuperClass:x=3
in SubClass :x=5
in SuperClass.doSomething()
in SubClass.doSomething()
super.x=3 sub.x=5
```

任务 3.4　通过接口实现学生的特定功能

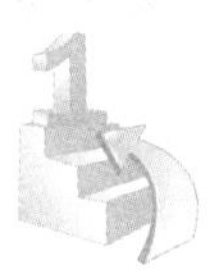

任务情境

在日常生活中，我们经常用到电源插座，有两项电源插座、三项电源插座，无论使用什么电器，都是把电器电源插头插到插座接口上即可。在描述人的功能的方法中，我们也可以定义好一些特殊方法，方法能体现基本功能但不实现具体功能，具体到不同类型的人时，只需根据不同人的特点重写此方法的功能实现即可。

任务实现

```
interface InterFounc{                    // 定义接口
    public void study();                 // 声明接口的方法
}

class Student5 implements InterFounc{   // 类实现接口
    public void study()   {
```

```
        System.out.println(" 学生在图书馆学习 ");
    }
}
class Worker implements InterFounc{
    public void study()   {
        System.out.println(" 工人在职工之家学习 ");
    }
}
class InterfaceExam {
    public static void main(String[] args){
    Student5 st=new Student5();
    st.study();
    Worker wk=new Worker();
    wk.study();
    }
}
```

程序运行结果：

```
学生在图书馆学习
工人在职工之家学习
```

任务分析

本程序先定义了一个接口 InterFounc，接口中声明了一个抽象方法 study()。在 Student5 类及 Worker 类中分别实现了接口 InterFounc 中的 study() 方法。这就涉及抽象类、接口等相关知识。

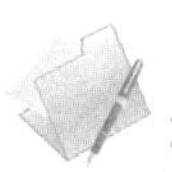

相关知识

在类的继承中，有些类约定了类所具有的抽象的行为，但却没有具体实现相应的行为，即类中的方法只有方法声明，却没有具体实现，方法的实现要到继承类的子类中实现。这样的特殊类包括抽象类与接口。

3.4.1　抽象类

Java 语言中，用 abstract 关键字来修饰一个类时，这个类称为抽象类；用 abstract 关键字来修饰一个方法时，这个方法称为抽象方法。

定义抽象类的格式如下：

```
abstract class 类名 {
类体
}
```

定义抽象方法的格式如下：

```
abstract 返回值类型方法名 ([ 参数 ])
```

定义的抽象方法只有声明而无具体实现。抽象类必须被继承，抽象方法必须被重写，若子类没有重写继承的抽象方法，则子类也必须声明为抽象类。抽象类不能被实例化。抽象类不一定要包含抽象方法。若类中包含了抽象方法，则该类必须被定义为抽象类。

例 3.23　抽象类的使用举例。

```
abstract class Employee {
   int basic = 2000;
   abstract void salary();            // 抽象方法
}
class Manager extends Employee{
   void salary() {
      System.out.println(" 中层薪资是 "+basic*3);
   }
}
class Worker extends Employee  {
   void salary(){
      System.out.println(" 工人薪资是 "+basic*1.5);
   }
}
public  class Example {
   public static void main(String args[]){
      Manager  ma=new Manager();
      ma.salary();
      Worker wr=new Worker();
      wr.salary();
   }
}
```

程序运行结果：

```
中层薪资是 6000
工人薪资是 3000
```

在本程序中定义了抽象类雇员类（Employee），在该类中定义了抽象方法工资（salary），以明确只要是雇员都有工资（salary），但工资的发放标准因岗位不同而有所不同，因此应根据雇员的岗位制定不同的工资标准，即应在子类中重写父类的工资（salary）方法。

3.4.2　接口

接口是一种与类相似的结构，但只包含常量和抽象方法。接口在许多方面和抽象类相近，但抽象类中除了包含常量和抽象方法外，还包括变量和具体方法。可以说，接口是一种完全抽象的类。

Java 把接口当作一种特殊的类，每个接口都被编译为一个独立的字节码文件，就像常规的类一样。和一个抽象类一样，不能用 new 运算符为接口创建实例，但可以用接口作为变量的数据类型，作为转换的结果。

1. 接口的定义

创建接口的语法如下：

```
[ 修饰符 ] interface 接口名 [extends 父接口列表 ]
{
  [ 修饰符 ] 类型属性名 = 值;
  返回值类型方法名（参数列表）;
}
```

说明：

（1）修饰接口的修饰符只有 public 和默认修饰符两种。

（2）接口可以是多重继承。接口只能继承接口，不能继承类。

（3）属性定义时必须赋初值，是常量。属性前修饰符是默认该属性由 final、static 修饰。

（4）接口中的方法必须是抽象方法。

由于定义在接口中的所有方法都是抽象方法，Java 不要求在接口中把 abstract 修饰符放在方法前，但是在抽象类中必须将 abstract 修饰符放在抽象方法之前。

2. 接口的实现

实现接口的语法如下：

```
class 类名 implements 接口名 [, 接口名 ......]
```

从上面的定义我们可以看出，一个类可以实现多个接口，克服了 Java 不支持多继承的缺点。

例 3.24 接口实现的用法。

```
interface 飞机 {
  int 马力 = 5000;
  void 飞行 ();
}
interface 直升机 extends 飞机 {
  void 垂直起降 ();
}
class 阿帕奇 implements 直升机 {   // 在该类中必须实现上面两个接口中的方法
  public void 飞行 ()   {
    System.out.println(" 在天空中飞行 ");
  }
  public void 垂直起降 ()   {
    System.out.println(" 垂直起飞，降落 ");
  }
}
class InterfaceDemo{
  public static void main(String args[]){
    阿帕奇 a = new 阿帕奇 ();
    a. 飞行 ();
    a. 垂直起降 ();
    System.out.println(" 马力为："+ 阿帕奇 . 马力 );
  }
}
```

程序运行结果：

```
在天空中飞行
垂直起飞，降落
马力为：5000
```

从上面的例子可以看出，接口“直升机”继承了“飞机”的方法“飞行”和静态常量“马力”，而类“阿帕奇”实现了“直升机”这个接口，所以可以直接使用从“飞机”继承过来的属性“马力”。

若一个类实现某个接口，它必须实现接口中的所有方法，且在实现时方法的名字、参数、返回类型必须严格与接口中一致。在上例中，由于直升机继承了飞机，直升机中包含两个方法，即“飞行”和“垂直起降”，因此在“阿帕奇”类中必须实现这两个方法。

由于接口中的方法默认为 public, 因此在实现时一定要用 public 修饰。

3. 接口回调

接口回调是指，可以把实现某一接口类创建的对象的引用赋给该接口声明的接口变量，那么该接口变量就可以调用被类实现的接口中的方法。实际上，当接口变量调用被类实现的接口中的方法时，就是通知相应的对象调用接口的方法。

例 3.25 接口回调的用法举例。

```java
interface ShowInF{
  void showProf(String s);
}
class Doctor implements ShowInF{
  public void showProf(String s){
    System.out.println("profession is "+s);
  }
}
class Teacher implements ShowInF{
  public void showProf(String s){
    System.out.println("profession is "+s);
  }
}
class InterfaceDemo{
  public static void main(String args[]){
    ShowInF si;
    si=new Doctor();
    si.showProf("doctor");
    si=new Teacher();
    si.showProf("teacher");
  }
}
```

接口的用法比较简单，重要的是我们应理解为何用接口。一方面，从面向对象角度来说，接口是公共的、公开的，但具体实现是看不见的，这是数据封装的一种表现。另一方面，从程序开发来说，接口就是一个开发标准，接口中方法的具体实现由不同的厂家实现不同的方法。另外，Java 的多重继承可以通过接口来实现，即一个类继承另一个类并实现多个接口。

任务 3.5 通过系统类增强学生信息管理的功能

任务情境

在实现学生信息管理系统时，除自己定义类实现系统功能外，还要借助一些系统类来丰富程序的功能，减少用户书写程序的代码量，例如前面我们编写的具有输入功能的程序，是借助了系统类 Scanner，在我们后序编程中，将更多地借助系统类来完成。下面的程序实现输入若干名字，统计输入名字的个数，并将学生中所有姓张的人的名字输出。

任务实现

```
import java.util.*;                                    // 引入系统包
class StudentCount{
  public static void main(String[] args) {
    int count=0, i;
    Scanner sc=new Scanner(System.in);                 // 使用包的输入类
    ArrayList arr=new ArrayList();                     // 使用包的集合类
    System.out.print(" 输入名字吗 (Y/N)");
    String str=sc.next();
    while(str.equals("Y")) {
      System.out.print(" 请输入一个输入名字：");
      String name=sc.next();
      arr.add(name);
      System.out.print(" 还输入名字吗 (Y/N)");
      str=sc.next();
    }
    count=arr.size();                                  // ArrayList 集合类中的方法
    System.out.println(" 一共输入了 "+count+" 个名字 ");
    System.out.println(" 张姓的名字有：");
    for(i=0; i<count; i++) {
      if(((String)(arr.get(i))).substring(0, 1).equals(" 张 "))
        System.out.print("  "+arr.get(i));
    }
  }
}
```

程序运行结果：

```
输入名字吗 (Y/N)Y
请输入一个输入名字：李林
还输入名字吗 (Y/N)Y
请输入一个输入名字：张亮
还输入名字吗 (Y/N)Y
```

```
请输入一个输入名字：刘涛
还输入名字吗 (Y/N)N
一共输入了 3 个名字
张姓的名字有：
张亮
```

任务分析

本程序除自定义类外，使用了系统包中的系统类，包括 Scanner、ArrayList 类，这些类中都有一些方法，来实现具体功能。因此本程序涉及包的知识、系统类的相关知识。

相关知识

类被完整定义后，可以被很多应用程序使用。将解决一般问题的类代码集中管理是个不错的主意。在 Java 中，能被复用的代码被存放到一起，称为“包”。Java 中的包就是操作系统中的文件夹。

3.5.1 Java 类库

Java 类库是系统提供的类的集合，又称为应用程序编程接口（API，Application Programming Interface）。根据类的功能的不同，把这些类放在了不同的包中。

Java 中的常用包见表 3－2。

表 3－2 Java 中的常用包

包	包中的类
java.applet	提供了创建 applet 所需的类
java.awt	提供了创建图形用户界面及管理图形、图像的类
java.io	提供了输入输出流及文件操作等类
java.lang	Java 编程语言的基本类库
java.math	提供了数学运算的基本函数
java.net	提供了网络通信所需的类
java.sql	提供了访问数据源数据的类
java.util	包括集合类、日期时间工具等类
java.swing	提供了轻量级的图形用户界面组件

下面我们简要介绍包中的常用类。

1. StringBuffer 类

java.lang 包中包含了建立 Java 程序的基本类。不需要显式地写出导入这个包的语句，任何程序中，该包都被自动导入。

该包中包含我们前面介绍过的 String 类，在此不再重复。这里介绍一下该包中另一个进行字符串处理的类——StringBuffer 类。该类具备 String 类的一些功能，该类对象可以根据需要自动增长存储空间，适合处理变长字符串。该类的方法与功能见表 3 - 3。

表 3 - 3　StringBuffer 类的方法与功能表

类别	方法定义	功能
构造方法	public StringBuffer()	构造一个其中不带字符的字符串缓冲区，其初始容量为 16 个字符
	public StringBuffer(int length)	构造一个不带字符，但具有指定初始容量的字符串缓冲区
	public StringBuffer(String s)	构造一个字符串缓冲区，并将其内容初始化为指定的字符串内容
实例方法	public StringBuffer append(String s)	将指定的字符串 s 追加到字符序列后
	public StringBuffer insert(int x, String s2)	将字符串插入字符序列的位置 x 处
	public in length()	返回长度（字符数）
	public void setLength(int newLength)	设置字符序列的新长度
	public void setCharAt(int x, char c)	将给定索引处的字符设置为 ch
	public StringBuffer replace(int start, int end, String s2)	使用给定 String 中的字符替换此序列的从 start 到 end 的子字符串
	public StringBuffer delete(int start, int end)	移除此序列的从 start 到 end 的子字符串

例 3.26　可变长字符串举例。

```
class StringExam{
  public static void main(String args[]){
    StringBuffer str=new StringBuffer("I am");
    str.append(" a student");
    System.out.println(str);
    str.insert(4, " not");
    System.out.println(str);
    str.replace(11, 18, "teacher");
    System.out.println(str);
    str.delete(5, 8);
    System.out.println(str);
  }
}
```

程序运行结果：

```
I am a student
I am not a student
I am not a teacher
I am  a teacher
```

2. Math 类

该类包含在 java.lang 包中。类中定义了一些进行数学运算的方法。

（1）Math 类包含的部分三角函数方法，见表 3－4。

表 3－4　Math 类包含的部分三角函数方法

方法定义	功能
public static double sin(double a)	求正弦值
public static double cos(double a)	求余弦值
public static double tan(double a)	求角的正切值
public static double acos(double a)	求角的反余弦，范围在 0.0 ～ π 之间
public static double asin(double a)	求角的反正弦，范围在 -π/2 ～ π/2 之间
public static double atan(double a)	求角的反正切，范围在 -π/2 ～ π/2 之间

其中参数表示以弧度计量的角度，1 度等于 π/180 弧度。

（2）指数函数方法与功能，见表 3－5。

表 3－5　指数函数方法与功能

方法定义	功能
public static double exp(double a)	返回 e 的 a 次方（e^a）
public static double log(double a)	返回 a 的自然对数［$ln(a)=log_e(a)$］
public static double pow(double a, double b)	返回 a 的 b 次方（a^b）
public static double sqrt(double a)	返回 a 的平方根

（3）min、max、abs、round 和 random 方法与功能，见表 3－6。

表 3－6　min、max、abs、round 和 random 方法与功能

方法定义	功能
public static type max(a, b)	返回 a 和 b 中的最大数
public static type min(a, b)	返回 a 和 b 中的最小数
public static type abs(a)	返回 a 的绝对值
public static int round(double a)	返回最接近参数的 int, 即返回四舍五入后的值
public static double random()	返回值是一个伪随机数，值介于 0 ～ 1

例 3.27　随机产生两个 30 ～ 50 间的整数输出，并输出最大数。

```
class MathExam{
  public static void main(String args[]){
    int x=30+(int)(Math.random()*20);
```

```
        System.out.println("first number:"+x);
        int y=30+(int)(Math.random()*20);
        System.out.println("first number:"+y);
        System.out.println("Max is:"+Math.max(x, y));
    }
}
```

3. Object 类

Object 类是 java.lang 中的类，是 Java 程序中所有类的直接和间接父类，也是类库中所有类的父类，包含了所有 Java 类的公共属性，这里介绍 Object 类的两个常用方法。

（1）equals() 的使用。

```
public boolean equals(Object obj)
```

该方法判断两个对象的引用是否相等。若相等返回 true，否则返回 false。

初学者往往都会对 equals(Object) 与 == 的区别讨论一番。在比较对象的时候，常常用到“==”和“equals(Object)”。它们也的确常常让初学者感到疑惑。下面先介绍一个例子。

例 3.28 对象的比较。

```
public class ObjectExam{
    public static void main(String args[]){
        String s1=new String("abc");
        String s2=new String("abc");
        //s1=s2;
        System.out.println(" 用 == 比较结果 ");
        System.out.println(s1==s2);
    }
}
```

程序运行结果：

```
用 == 比较结果
false
```

既然两个 String 对象内容同为“abc”，为什么会输出“false”呢？因为“==”比较的是两个对象的引用，并不是它们的内容。去掉 s1=s2 一句的注释符，再编译运行，则结果为 true，因为它们的引用是相同的。

下面我们再来看一个用 equals() 方法的例子。

例 3.29 equals() 方法与“==”比较引用举例。

```
class ObjectExam2{
    public static void main(String args[]){
        ObjectExam2 e1=new ObjectExam2 ();
        ObjectExam2 e2=new ObjectExam2 ();
        System.out.println(" 用 equals(Object) 比较结果 ");
        System.out.println(e1.equals(e2));
        System.out.println(" 用 == 比较结果 ");
        System.out.println(e1==e2);
```

```
    }
}
```

程序运行结果：

```
用 equals(Object) 比较结果
false
用 == 比较结果
false
```

为什么在上面的程序中执行 System.out.println(e1.equals(e2)) 语句结果仍为 false 呢？这是因为 Object 类中定义的 equals(Object) 方法是直接使用“==”比较的两个对象，在没有覆盖 equals(Object) 方法的情况下，equals(Object) 与“==”一样是比较的引用，所以与“==”的结果是相同的。

但 equals(Object) 方法与“==”相比的特殊之处在于它可以覆盖，所以可以通过覆盖的办法让它不是比较引用而是比较数据的内容。如 java.lang 包中的 String 类，该类覆盖了从 Object 继承来的 equals(Object) 方法，用以比较字符串内容是否相同。

例 3.30　比较字符串是否相同。

```
class StringExam2{
    public static void main(String args[]){
        String s1=new String("abc");
        String s2=new String("abc");
        System.out.println(" 用 == 比较结果 ");
        System.out.println(s1==s2);
        System.out.println(" 用 equals(Object) 比较结果 ");
        System.out.println(s1.equals(s2));
    }
}
```

程序运行结果：

```
用 == 比较结果
false
用 equals(Object) 比较结果
true
```

例 3.30 中用“==”比较，结果为 false；用 equals(Object) 比较，结果为 true。这是因为 String.equals(Object) 方法直接比较了两个字符串的内容，如果相同，则返回 true，否则返回 flase。

（2）toString() 方法。

toString() 方法被用来将一个对象转换成 String 表达式。当自动字符串转换发生时，它被用作编译程序的参照。例如，System.out.println() 调用下述代码：

```
Date now=new Date();
System.out.println(now);
```

将被翻译成：

```
System.out.println(now.toString());
```

由于 java.lang.Object 包中的所有对象都是 Object 的子类，因此每个对象都有一个 toString() 方法。在默认状态下，它返回类名称和它的引用的地址。许多类覆盖 toString() 以提供更有用的信息。例如，所有的数据类型类覆盖 toString() 以提供它们所代表的值的字符串格式。甚至没有字符串格式的类为了调试目的常常实现 toString() 来返回对象状态信息。

4. 数据类型类

数据类型类又称包装类，与基本数据类型（如：int, double, char, long 等）密切相关，每一个基本数据类型都对应一个包装类，均包含在 java.lang 包中，它的名字也与这个基本数据类型的名字相似。例如：double 对应的包装类为 Double。不同的是，包装类是一个类，有自己的方法，这些方法主要用来操作和处理它所对应的基本数据类型的数据。下面以 Integer 为例介绍包装类的方法及作用。Integer 类的用法见表 3－7。

表 3－7　Integer 类的用法

类别	方法定义	功能	举例
构造方法	public static int parseInt(String s)	将字符串转化为整型数据	int i=Integer.parseInt(“123”);
	public static Integer valueOf(String s)	它将一个字符串转化成 Integer 对象	Integer i=Integer.valueOf(“123”);

例 3.31　整型包装类的用法举例。

```
class IntegerExample{
  public static void main(String args[])  {
    String s1="30", s2="90";
    int i1=Integer.parseInt(s1);
    int i2= Integer.parseInt(s2);
    int sum=0;
    sum=i1+i2;
    System.out.println(" 和为： "+sum);
  }
}
```

其他基本类型的包装类的用法与该类的用法基本相同，大家不妨进行适当的变化后加以应用，也可参照 API 文档学习相应包装类的用法。在此不再一一讲述。

5. ArrayList 类

ArrayList 类包含在 java.util 包中，ArrayList 对象是数据的列表，是长度可变的对象引用数组，使用上类似于动态数组。该类的方法与功能见表 3－8。

表 3－8　ArrayList 类的方法与功能

类别	方法定义	功能
构造方法	public ArrayList()	构造一个初始容量为 10 的空列表
	public ArrayList(int size)	使用给定大小创建一个数组列表。向数组列表添加元素时，此大小自动增加

续表

类别	方法定义	功能
实例方法	public int size()	返回此列表中的元素数
	public E get(int index)	返回此列表中指定位置上的元素。E 代表取出的元素的类型
	public int indexOf(object x)	返回元素在列表中首次出现的位置
	public int lastIndexOf(object x)	返回元素在列表中最后一次出现的位置
	public boolean add(E o)	将指定的元素加入到列表的尾部。若加入成功，返回 true，否则，返回 false（如果此列表不允许有重复元素，并且已经包含了指定的元素，则返回 false
	public boolean remove(Object o)	从此列表中移除指定元素的单个实例。如果移除成功，返回 true，否则返回 false

例 3.32　ArrayList 类的应用举例。

```
import java.util.*;
class StringExam{
  public static void main(String args[]){
    ArrayList arr=new ArrayList();
    arr.add(5);
    arr.add(20);
    arr.add("English");
    arr.add("Chinese");
    arr.add("American");
    arr.add(true);
    System.out.println(arr.get(4));
    System.out.println(arr.indexOf("Chinese"));
  }
}
```

程序运行结果；

```
American
3
```

从上面的程序可以看出，ArrayList 对象的用法类似于数组，但长度可变，且数据元素的类型可为任意类型。

6. Vector 类

Vector 类包含在 java.util 包中，是可以实现可增长的对象数组。但是，Vector 的大小可以根据需要增大或缩小，以适应创建 Vector 后进行添加或移除项的操作。该类的方法与功能见表 3－9。

表 3－9　Vector 类的方法与功能

类别	方法定义	功能
构造方法	public Vector()	创建一个空 Vector 对象
	public Vector(int initialCap)	创建一个空 Vector，其初始大小由 initialCap 指定，容量增量为 0
	public Vector (int initialCap, int inc)	创建一个空 Vector，初始容量由 initialCap 指定，容量增量由 inc 指定

续表

类别	方法定义	功能
实例方法	public void addElement(Object x)	将元素 x 加入到向量数组的尾部
	public void insertElementAt(Object x, int index)	把对象加入到向量数组的指定位置
	public E elementAt(int index)	返回指定位置的元素
	public int size()	返回数组中的对象个数

例 3.33　Vector 类的用法举例。

```
import java.util.*;
class StringExam{
   public static void main(String args[]){
      Vector vec=new Vector(5, 2);
      vec.addElement(5);
      vec.addElement('T');
      vec.addElement("English");
      vec.insertElementAt("Chinese" , 2);
      vec.addElement("American");
      vec.addElement(true);
      int x=vec.size();
      for(int i=0; i<x; i++)
      System.out.print(vec.elementAt(i)+" ");
   }
}
```

程序运行结果：

```
5 T Chinese English American true
```

3.5.2　自定义包

在前面编写的程序中，生成的类都放在了默认包中，但有时我们需要把类放到自定义的包中。

1. 建立自定义包

在 Java 中，用下面的方式来创建包：

```
package <包名>
```

例 3.34　把程序放在自定义包中。

```
package mypackage ;
public class Calculate
{
   public int add(int x, int y)
   {
      return(x + y) ;
   }
}
```

当上面的程序编译后，生成的类将放到已建立的包 mypackage 中。

说明：当创建一个包时，应注意任何创建包的语句应放在导入包的语句前。

2. 导入包

在程序中如果使用包中的类，必须在源程序中用 import 语句导入。import 语句的格式为：

```
import < 包名 1>[.< 包名 2>.....]|*;
```

其中，import 是关键字，多个包名及类名之间用“.”分隔，“*”表示包中的所有类。

如：

```
import java.awt.*;
```

导入 java.awt 包中的所有类。

```
import java.applet.Applet;
```

导入 java.applet 包中的 Applet 类。

```
import mypackage. Calculate;
```

导入 mypackage 包中的 Calculate 类。

在例 3.32 及例 3.33 中，均使用了 java 包的子包 util 中的类，因此在程序的开头都使用了 import java.until.* 语句。

项目实训——学生信息管理

一、实训主题

编写一个 Java 程序，实现班级学生的信息管理功能，每个学生的信息可含学号、姓名、性别、家庭地址，包括学生信息录入、信息查询、信息修改、信息删除功能。

二、实训分析

程序设计功能主要包含四个方面，分别为学生信息录入、信息查询、信息修改、信息删除，可以定义一个菜单程序，完成功能的选择。

涉及学生信息数据描述，可定义 Student 类，分别描述学生的各项信息，由于涉及多名学生信息，且存在增、删等功能，可借用 Vector 向量来存储不定数量的对象。

三、实训步骤

【步骤 1】定义一个学生类 Student，描述学生信息。

【步骤 2】定义一个主类 MainMenu，实现菜单选择功能。

【步骤 3】在信息录入时，可根据学号顺序逐个录入学生信息，保存到 Vector 向量中。

【步骤 4】在信息删除时，可提示输入删除学生的学号，将相应学生对象从 Vector 向量中移除。

【步骤 5】在信息查询时，可提示用户是按学号还是按姓名查询，根据不同选择实现相应的功能。

【步骤 6】在信息修改时，可提示输入修改学生的学号，及修改学生的信息项，将相应学生的相应信息项进行修改。

技能检测

一、选择题

1. 定义类头（非内部类）时，不可能用到的关键字是（　　）。

A. class　　B. private　　C. extends　　D. public

2. 下列类头定义中，错误的是（　　）。

A. public x extends y {...}　　B. public class x extends y {...}

C. class x extends y implements y1 {...}　　D. class x {...}

3. 设 A 为已定义的类名，下列声明 A 类的对象 a 的语句中正确的是（　　）。

A. float A a;　　B. public A a=A();

C. A a=new int();　　D. static A a=new A();

4. 设 X、Y 均为已定义的类名，下列声明类 X 的对象 x1 的语句中正确的是（　　）。

A. public X x1= new Y();　　B. X x1= X ();

C. X x1=new X();　　D. int X x1;

5. 设 X、Y 为已定义的类名，下列声明 X 类的对象 x1 的语句中正确的是（　　）。

A. static X x1;　　B. public X x1=new X(int 123);

C. Y x1;　　D. X x1= X();

6. 有一个类 A，以下为其构造方法的声明，其中正确的是（　　）。

A. public A(int x){...}　　B. static A(int x){...}

C. public a(int x){...}　　D. void A(int x){...}

7. 有一个类 Student，以下为其构造方法的声明，其中正确的是（　　）。

A. void Student (int x){...}　　B. Student (int x){...}

C. s(int x){...}　　D. void s(int x){...}

8. 下列选项中，用于定义接口的关键字是（　　）。

A. interface　　B. implements　　C. abstract　　D. class

9. 现有类 A 和接口 B，以下描述中表示类 A 实现接口 B 的语句是（　　）。

A. class A implements B　　B. class B implements A

C. class A extends B　　D. class B extends A

二、填空题

1. 如果子类中的某个变量的变量名与它的父类中的某个变量完全一样，则称子类中的这个变量________了父类的同名变量。

2. 如果子类中的某个方法的名字、返回值类型和________与它的父类中的某个方法完全一样，则称子类中的这个方法覆盖了父类的同名方法。

3. 抽象方法只有方法头，没有________。

4. 接口中所有属性均为________、________和________的。

5. 一个类如果实现一个接口，那么它就必须实现接口中定义的所有方法，否则该类就必须定义成________的。

6. Java 语言中用于表示类间继承的关键字是________。

7. 下面是一个类的定义，请将其补充完整。

```
class _____
{
  String name;
  int   age;
  Student(_____ s, int i)
  {
    name=s;
    age=i;
  }
}
```

8. 下面是一个类的定义，请将其补充完整。

```
___________ A
{ String s;
  _____ int a=666;
  A(String s1)
  {
    s=s1;
  }
  static int geta()
  {
    return a;
  }
}
```

三、编程题

1. 编写一个类，描述学生的学号、姓名、成绩。学号用整型，成绩用浮点型，姓名用 String 类型。编写一个测试类，输入学生的学号、姓名、成绩，并显示该学号的学生姓名及成绩。

2. 设计一个 Birthday 类，其成员变量有：year, month, day；提供构造方法、输出 Birthday 对象值的方法和计算年龄的方法。编写程序测试这个类。

3. 编写一个类，描述汽车，其中用字符型描述车的牌号，用浮点型描述车的价格。编写一个测试类，其中有一个修改价格方法，对汽车对象进行操作，根据折扣数修改汽车的价格，最后在 main 方法中输出修改过后的汽车信息。

4. 编写一个 Java 应用程序，设计一个汽车类 Vehicle，包含的属性有车轮个数 wheels 和车重 weight。小车类 Car 是 Vehicle 的子类，其中包含的属性有载人数 loader。卡车类 Truck 是 Car 类的子类，其中包含的属性有载重量 payload。每个类都有构造方法和输出相关数据的方法。

5. 定义一个接口 CanFly，描述会飞的方法 public void fly()；分别定义类飞机和鸟，实现 CanFly 接口。定义一个测试类，测试飞机和鸟，在 main 方法中创建飞机对象和鸟对象，让飞机和鸟起飞。

项目 4

成绩的异常处理

项目导读

在编写具有成绩录入功能的程序时，可能会因录入数据格式、类型、值的范围等不符合要求而产生异常。在处理异常时，既可利用系统提供的异常类的约定处理，也可自定义异常类处理。本项目分解为 2 个任务：利用系统异常类处理成绩异常，利用用户自定义类处理成绩异常。

学习目标

1. 了解异常的概念。
2. 理解异常的处理机制。
3. 掌握异常的处理方法。
4. 掌握自定义异常的定义与使用。
5. 能在编写 Java 程序时灵活地处理异常。

任务 4.1 利用系统异常类处理成绩异常

任务情境

在编写成绩管理系统时，要录入科目的成绩，录入的成绩要求为整型，但实际操作中因为要录入大量数据，可能误输入成其他类型数据，造成程序不能正常处理而非正常结束。我们可利用系统提供的异常处理机制对不符合要求的数据进行处理而不造成程序终止。

任务实现

```
importjava.util.*;
classExceptionDemo{
  static final int number=3;
  int score[]=new int[number];
  public void addScore(){
    int i=0;
    Scanner s=new Scanner(System.in);
    for(i=0; i<number; i++) {
      try{
        System.out.println(" 请输入第 "+(i+1)+" 个同学的成绩：");
        int x=s.nextInt();
        score[i]=x;
    }catch(InputMismatchException e){
    // 在 try{…}catch 间的语句中若产生异常，则捕获异常
    // 直接进行异常处理
        System.out.println(" 数据格式异常 !");
      }
      }
  }
  public static void main(String[] arg){
    ExceptionDemo demo = new ExceptionDemo();
    demo.addScore();
    demo.outScore();
  }
  public void outScore(){
    int i;
    for(i=0; i<number; i++)
      System.out.println(" 第 "+(i+1)+" 个同学的成绩："+score[i]);
  }
}
```

程序运行结果：

```
请输入第 1 个同学的成绩：
89
请输入第 2 个同学的成绩：
94
请输入第 3 个同学的成绩：
8w2
数据格式异常 !
第 1 个同学的成绩：89
第 2 个同学的成绩：94
第 3 个同学的成绩：0
```

任务分析

在上述程序中，使用了异常的处理机制，当输入某个数据不符合数据要求时，并未

直接退出系统，而是继续向下运行。

相关知识

4.1.1 异常的概念

所谓异常，就是程序在运行过程中出现错误、非正常终止等非正常情况。产生异常的原因很多，如：系统资源耗尽、数组下标越界、被除数为零、空指针访问、试图读取的文件不存在、网络连接中断等。Java 中提供的异常处理是用来解决程序中当某种非正常情况发生时的一种机制。

下面我们通过一个例子来认识异常。

例 4.1 产生数组下标越界异常。

```
public class Outofbounds{
public static void main (String args[]) {
int a[] = {1, 2, 3, 4};
for(int i=0; i<5; i++)
System.out.println("  a["+i+"]="+a[i]);
   }
}
```

程序运行结果：

```
a[0]=1
a[1]=2
a[2]=3
a[3]=4
Exception in thread "main" java.lang.ArrayIndexOutOfBoundsException: 4
atOutofbounds.main(Outofbounds.java:7)
```

程序运行时，循环的前 4 次正常输出了 4 个数，但第 5 次进入循环并试图输出 a[4] 时，程序提示了所出现的异常的种类、原因和发生异常的位置，然后中止了程序的运行。

对于上述异常情况，程序可以预先采取有效的处理方法，而不是等待系统报错，导致程序无法正常终止。

4.1.2 异常的分类

JDK 中针对各种普遍性的异常情况定义了多种异常类型，其层次结构如图 4－1 所示。

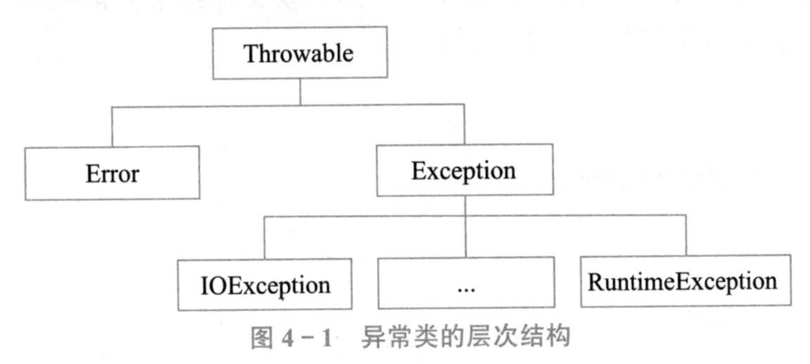

图 4－1 异常类的层次结构

从图 4-1 中可以看出，异常有两种，一种是 Error 异常，这种异常程序员无法捕获与处理；另一种是 Exception 异常，程序员可以捕获并处理。

在 Exception 的子类中，RuntimeException 类又有许多子类，这种异常是在程序运行过程中产生的异常，如上面例子中的 ArrayIndexOutOfBoundsException（数组下标越界异常）。

系统定义的常见异常见表 4-1。

表 4-1　常见异常

异常类	异常原因
InputMismatchException	输入不匹配
ArrayIndexOutOfBoundsException	数组下标越界
FileNotFoundException	文件未找到
NullPointerException	引用未分配空间的对象
ArithMecticException	算术错误，如除数为 0 等
EOFExceptin	输入时遇到了文件结束标志
NumberFormatException	数字格式错误

4.1.3　异常捕获与处理语句

在 Java 中，采用 try-catch-finally 语句来捕获异常，格式如下：

```
try{
可能产生异常的语句块
}catch ( 异常类 1    对象 )
  { 异常处理语句块 }
  catch ( 异常类 2    对象 )
  { 异常处理语句块 }
  ……
  [ finally
  { 无条件执行语句块 } ]
```

为处理可能产生的异常，可以把可能产生异常的代码放在 try 后的语句块中。当执行运行时，若该语句块产生异常，则把相应的异常对象抛出，系统自动检查该对象是否是后面所跟的某个 catch 后异常类的对象，若是，则执行其后的异常处理语句块。不管执行完哪个异常处理语句块，都将执行 finally 后的语句块，并结束异常处理。若无 finally，则执行完某个异常处理语句块后结束异常处理。

例 4.2　数值转换异常。

```
classExceptionDemo{
public static void main(String args[]) {
  int n;
  String str="a123";
try{
     n=Integer.parseInt(str);
```

```
        }catch(NumberFormatException e){
            System.out.println(" 数值格式出现错误！ ");
            }
        finally{
            System.out.println(" 处理结束！ ");
            }
        System.out.println(" 程序结束。");
    }
}
```

程序运行结果：

```
数值格式出现错误！
处理结束！
程序结束。
```

例 4.3　下标越界与算术运算异常。

```
public class ExceptionDemo{
public static void main (String args[]) {
int i=0;
int a[] = {5, 6, 7, 8};
for(i=0; i<5; i++) {
try {
System.out.print("a["+i+"]/"+i+"="+(a[i]/i));
        } catch(ArrayIndexOutOfBoundsException e) {
System.out.print(" 捕获数组下标越界异常 !");
        }
catch(ArithmeticException e) {
System.out.print(" 捕获算术异常 !");
    }
catch(Exception e) {
System.out.print(" 捕获 "+e.getMessage()+" 异常 !");    // 显示异常信息
    }
finally {
System.out.println("  finally  i="+i);
    }
        }
System.out.println(" 继续 !");
    }
}
```

程序运行结果：

```
捕获算术异常！    finally i=0
a[1]/1=6  finally i=1
a[2]/2=3  finally i=2
a[3]/3=6  finally i=3
捕获数组下标越界异常！    finally i=4
继续！
```

任务 4.2　利用用户自定义类处理成绩异常

任务情境

在编写成绩管理系统时，要录入科目的成绩，录入的成绩要求介于 0 ～ 100 间，但在实际录入时可能输入的数据不在此范围内，用系统提供的异常无法检查这种数据的不合理，为此可自定义异常。

任务实现

```
importjava.util.*;
class MyException extends Exception{                          // 自定义异常
  publicMyException(String message){
    super(message);
  }
}
class   TestMyException{
  public void testNumber(intnum) throws MyException{    // 抛到调用方法处理异常
    if(num<0||num>100)  {
      throw new MyException(" 数值超出了范围。");       // 人工抛出异常对象
    }
  }
  public static void main(String arg[])
  {
    TestMyException t=new TestMyException();
    try{
      t.testNumber(-10);
    }catch(MyException e) {                                   // 捕获异常对象
      System.out.println(e.getMessage());
    }
  System.out.print(" 程序结束 !");
  }
}
```

程序运行结果：

```
数值超出了范围。
程序结束 !
```

任务分析

在上述程序中，在自定义异常类一定是 Exception 类的子类，Exception 类中的构造

方法用于接收用户异常信息，该异常信息可通过异常对象调用 getMessage 获取，在对用户数据进行异常检测时可人工抛出自定义的异常对象，抛出的异常对象可在调用产生异常的方法捕获处理。

相关知识

4.2.1 人工抛出异常

Java 异常类对象除在程序执行过程中出现异常时由系统自动生成并抛出外，还可以根据需要人工创建并抛出。实现方法为，首先人工生成异常对象，然后通过 throw 关键字将之抛出。

例 4.4 成绩不合理时人工抛出异常。

```
publicclass ExceptionDemo{
  public static void main(String arg[]){
  int score[]={88, 92, 110, -7};
  int i;
  for(i=0; i<4; i++) {
    try{
      if(score[i] >100) throw new Exception(" 分数太高 ");
      if(score[i] < 0) throw new Exception(" 分数太低 ");
    System.out.println(" 您输入的成绩是："+score[i]);
    }catch(Exception e){
        System.out.println(" 您输入的成绩有错误 !");}
      }
    System.out.println(" 程序执行完毕，退出 !");
  }
}
```

程序运行结果：

```
您输入的成绩是：88
您输入的成绩是：92
您输入的成绩有错误！
您输入的成绩有错误！
程序执行完毕，退出！
```

4.2.2 throws 声明抛出异常

我们在前面已经讲过，当异常产生时，系统从生成对象的方法开始，沿方法的调用栈逐层回溯查找，直到找到相应处理的方法，并把异常对象交由该方法，然后进行异常处理。前面我们举的例子均是程序在执行某个方法时，若方法中某个语句块中产生异常，则直接在本方法中捕获异常并处理。但产生异常的方法中可以不处理异常，而是把产生的异常对象抛到上层方法中进行处理。

在介绍声明抛出异常前，我们先来了解一下方法调用栈。

1. 方法调用栈

方法逐层调用可用如图 4－2 所示来标识。

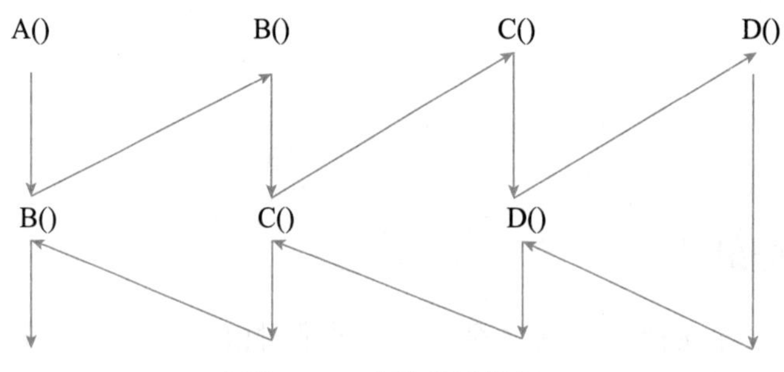

图 4－2　方法逐层调用

首先 A 进栈执行，在 A 执行过程中，调用了 B；则 B 进栈执行，B 执行过程中又调用了 C；则 C 进栈执行，C 执行过程中调用了 D；则 D 进栈执行；D 方法执行完后，退栈，回到 C；执行 C 中剩余代码；退栈，回到 B；执行 B 中剩余代码；退栈，回到 A；执行 A 中剩余代码，退栈，程序结束。

例 4.5　方法调用栈演示。

```
classExceptionDemo{
  public static void functionC(){
    System.out.println(" 进入方法 C");
    System.out.println(" 退出方法 C");
  }
  public static void functionB(){
    System.out.println(" 进入方法 B");
    functionC();
    System.out.println(" 退出方法 B");
  }
  public static void functionA(){
    System.out.println(" 进入方法 A");
    functionB();
    System.out.println(" 退出方法 A");
  }
  public static void main(String arg[]){
    System.out.println(" 进入主方法 main");
    functionA();
    System.out.println(" 退出主方法 main");
  }
}
```

程序运行结果：

```
进入主方法 main
进入方法 A
进入方法 B
进入方法 C
退出方法 C
退出方法 B
```

```
退出方法 A
退出主函数 main
```

2. 使用 throws 声明抛出异常

声明抛出异常表示该方法不能或者不能确定如何处理这种异常，它把异常抛回给该方法的调用方法进行处理，若调用方法仍不能处理可继续上抛。

声明抛出异常的语法格式如下：

```
<方法修饰符><方法返回类型><方法名称>([参数列表]) throws <异常列表>
{方法体}
```

例 4.6　声明异常举例。

```
publicclass ExceptionDemo{
  public static void functionC() throws Exception{
    System.out.println(" 进入方法 C");
    throw new Exception(" 在 C 中产生异常 ");
  }
  public static void functionB() throws Exception{
    System.out.println(" 进入方法 B");
    functionC();
    System.out.println(" 退出方法 B");
  }
  public static void functionA(){
    System.out.println(" 进入方法 A");
    try{
      functionB();
    }catch (Exception e) {
      System.out.println(e.getMessage());
      e.printStackTrace();
    }
    System.out.println(" 退出方法 A");
  }
  public static void main(String arg[]){
    System.out.println(" 进入主方法 main");
    functionA();
    System.out.println(" 退出主方法 main");
  }
}
```

程序运行结果：

```
进入主方法 main
进入方法 A
进入方法 B
进入方法 C
在 C 中产生异常
java.lang.Exception: 在 C 中产生异常
    atExceptionDemo.functionC(ExceptionDemo.java:4)
    atExceptionDemo.functionB(ExceptionDemo.java:9)
```

```
atExceptionDemo.functionA(ExceptionDemo.java:15)
atExceptionDemo.main(ExceptionDemo.java:25)
```

由上例可见，在方法的逐层调用并执行过程中，当执行到方法 functionC 时，产生异常对象并抛出，但该方法并未进行相应的异常捕获处理，则该方法通过 throws 声明把异常对象上抛到 functionB；在 functionB 中仍未对异常对象进行捕获处理，则该方法继续通过 throws 声明把异常对象上抛到 functionA；在 functionA 中进行了捕获与处理。其中，e.getMessage() 方法得到异常错误信息，e.printStackTrace() 把方法栈中方法反向输出。

4.2.3 自定义异常

虽然 Java 已经定义了很多异常类，但有的情况下，程序员不但需要自己抛出异常，还要根据需要创建自己的异常类，这时可以通过创建 Exception 类（或其子类）的子类来定义自己的异常类。

自定义异常类的基本格式如下：

```
<权限修饰符> class <自定义异常类> extends 父类
{ 属性声明;
方法定义;
}
```

这里父类应为 Exception 类或是其子类。

例 4.7　自定义异常举例。

```
classMyException extends Exception{
  privateintidnumber;
  publicMyException(String message, int id){
    super(message);
    idnumber=id;
  }
public int getId() {
    returnidnumber;
  }
}
public  class   TestMyException{
public void testNumber(intnum) throws MyException{
  if(num<0||num>100) {
    throw new MyException(" 数值超出了范围 " , 1);
  }
  System.out.print(" 数值为： "+num);
}
  public void manager(){
    try{
      testNumber(-10);
    }catch(MyException e)
      {System.out.println(" 测试出错，错误类别为： "+e.getId());
  }
    System.out.println(" 本次测试结束 !");
```

```
    }
    public static void main(String arg[])
    {
    TestMyException t=new TestMyException();
    t.manager();
    }
}
```

程序运行结果：

```
测试出错，错误类别为：1
本次测试结束！
```

项目实训——编写成绩检测的异常处理程序

一、实训主题

编写 Java 程序，实现输入 5 名学生的考试成绩，成绩均要求为整数。通过自定义异常分别处理成绩低于 0 分和高于 100 分的特殊情况，其中输入成绩进行成绩检测的方法内可根据成绩低于 0 分或高于 100 分分别抛出不同的自定义异常对象，并交由上一级方法捕获与处理，保证最终能输入 5 名学生的成绩均在 0 ~ 100 分之内。

如：

输入第 1 名同学成绩：110
分数超 100 分异常
输入第 1 名同学成绩：95
第 1 名同学成绩 = 95
输入第 2 名同学成绩：80
第 2 名同学成绩 = 80
⋮
输入第 5 名学生成绩：–90
分数低于 0 分异常
输入第 5 名学生成绩：76
第 5 名同学成绩 = 76

二、实训分析

可定义两个自定义异常类，分别处理成绩高于 100 分、成绩低于 0 分的情况。在测试类的 main() 方法中控制输入 5 个成绩，但每输入一个，都要到一个检测方法中查看是否符合自定义异常的情况，如果符合则抛出相应的异常对象并交由调用方法进行处理，直到输入 5 个有效的成绩。

三、实训步骤

【步骤 1】自定义两个异常类，分别处理成绩高于 100 分、成绩低于 0 分的情况；

【步骤 2】自定义一个测试类，类中的 main() 方法控制输入 5 个有效成绩；

【步骤 3】在 main() 方法中，每输入一个成绩都到测试类的实例方法 check() 中检测是否成绩无效，若成绩无效，则根据成绩分别抛出高于 100 分的异常对象或低于 0 分的异常对象并上抛回 main() 方法。

【步骤 4】在 main() 方法中，若输入的成绩经 check() 检查产生并抛出异常后，在 main() 方法中要马上捕获并处理异常，输出异常原因，且不计入输入成绩的个数，需重新输入成绩。若成绩经检测有效，则在 main() 中输出这名学生成绩的信息。

技能检测

一、选择题

1. 关于异常的定义，下列描述中最正确的一个是（　　）。

A. 程序编译错误　　B. 程序语法错误

C. 程序自定义的异常事件　　D. 程序编译或运行时发生的异常事件

2. 抛出异常时，应该使用的子句是（　　）。

A. throw　　B. catch　　C. finally　　D. throws

3. 自定义异常类时，可以继承的类是（　　）。

A. Error　　B. Applet

C. Exception 及其子类　　D. AssertionError

4. 当方法产生异常但却无法确定该如何处理时，应采用的方法是（　　）。

A. 声明异常　　B. 捕获异常　　C. 抛出异常　　D. 自定义异常

5. 对于 try{…}catch 子句的排列方式，正确的一项是（　　）。

A. 子类异常在前，父类异常在后　　B. 父类异常在前，子类异常在后

C. 只能有子类异常　　D. 父类异常与子类异常不能同时出现

6. 下列关于 try、catch 和 finally 的表述，错误的是（　　）。

A. try 语句块后必须紧跟 catch 语句块

B. catch 语句块必须紧跟在 try 语句块后

C. 可以有 try 但无 catch

D. 可以有 try 但无 finally

7. 下列描述中，错误的一项是（　　）。

A. 一个程序抛出异常，其他任何运行中的程序都可以捕获

B. 算术溢出需要进行异常处理

C. 在方法中检测到错误但不知如何处理时，方法就声明异常

D. 任何没有被程序捕获的异常最终被默认处理程序处理

8. 下面程序运行时，会产生的异常是（　　）。

```
class Test{
  public static void main(String ar[])
  {int x=0, y=20, z;
  z=(x+y)/(x*y);
  System.out.println("z="+z);
  }
}
```

A. ArrayIndexOutOfBoundsException　　B. NumberFormatException

C. ArithMeticException　　　　D. NullPointerException

二、填空题

1. 一个 try 代码段后必须跟________代码段，________代码段可以没有。

2. 自定义异常类必须继承________类或其子类。

3. 异常处理机制可以允许根据具体的情况选择在何处处理异常，可以在________捕获并处理，也可以用 throws 子句把它交给________去处理。

4. 数组下标越界对应的类是________。

5. 为达到高效运行的要求，________的异常，可以直接交给 Java 虚拟机系统来处理，而________类派生出的非运行异常，要求编写程序捕获或者声明。

三、编程题

1. 从键盘输入 5 个数，求出 5 个数的阶乘之和。若输入负数时，产生异常并进行相应的处理。

2. 设计自己的异常类，从键盘输入一个数。若输入的数不小于 0，则输出它的平方根；若小于 0，则输出提示信息“输入错误”。[求平方根的方法为：Math.sqrt(int x)]

项目 5

学生信息系统可视化设计

项目导读

现在人们接触的应用程序绝大多数是图形化界面应用程序，因此，图形化应用程序的编写是我们应该掌握的技能。作为学生信息管理系统，最基本的功能应包括数据录入、根据用户选择进行数据处理、通过表格展示信息等，功能的选择可由菜单来实现。本项目分解为 4 个任务：学生信息输入界面设计，学生信息输入后确认处理，学生信息管理系统菜单设计，学生信息表格展示。

学习目标

1. 掌握可视组件父类 Component 的作用与基本用法。
2. 掌握布局管理器的作用与用法。
3. 掌握常用可视组件的作用与用法。
4. 理解事件处理机制并掌握基本用法。
5. 掌握菜单的设计实现方法。
6. 掌握定时器、进度条、滑杆的基本用法。
7. 掌握表格储存与显示数据的方法。
8. 能综合运行所学知识编写可视化界面应用程序。

任务 5.1　学生信息输入界面设计

任务情境

在学生信息管理系统中，有许多的学生信息要输入并保存到计算机中。在本任务中我们要输入学生的姓名、性别、个人爱好、籍贯信息，若采用前面讲过的借助 Scanner

对象输入的方法，则如果输入错误就很难再回去修改。因此我们可设计一个如图 5－1 所示的输入界面，信息输入到文本框中后只要不按“确定”按钮可随时修改。

图 5－1　图形输入界面

任务实现

```
import javax.swing.*;                              // 引入可视化对象使用包 javax.swing 中的类
import java.awt.*;                                 // 引入布局对象使用包 java.awt 中的类
public class InputData {
  JFrame frame;
  JLabel lXm, lXb, lAh, lJg;                       // 声明标签组件
  JTextField tXm, tXb, tAh, tJg;                   // 声明文本行组件
  JPanel p1, p2, p3, p4, p5;                       // 声明面板组件
  JButton button;                                  // 声明按钮组件
  public InputData()   {
    frame=new JFrame(" 信息录入 ");                 // 创建框架对象
    lXm=new JLabel(" 姓名：");                      // 创建标签对象
    lXb=new JLabel(" 性别：");
    lAh=new JLabel(" 爱好：");
    lJg=new JLabel(" 籍贯：");
    tXm=new JTextField(12);                        // 创建文本行对象
    tXb=new JTextField(4);
    tAh=new JTextField(12);
    tJg=new JTextField(8);
    button=new JButton(" 确定 ");                   // 创建按钮对象
    frame.setLocation(100, 100);
    frame.setSize(240, 200);
    p1=new JPanel();                               // 创建面板对象
  p1.setLayout(new FlowLayout(FlowLayout.LEFT));   // 设置面板的布局样式
    p2=new JPanel();
  p2.setLayout(new FlowLayout(FlowLayout.LEFT));
    p3=new JPanel();
  p3.setLayout(new FlowLayout(FlowLayout.LEFT));
    p4=new JPanel();
  p4.setLayout(new FlowLayout(FlowLayout.LEFT));
    p5=new JPanel();
    p1.add(lXm); p1.add(tXm);                      // 将组件加入面板中
    p2.add(lXb); p2.add(tXb);
```

```
        p3.add(lAh); p3.add(tAh);
        p4.add(lJg); p4.add(tJg);
        p5.add(button);
        Panel p=new Panel();
    p.setLayout(new GridLayout(5, 1));
        p.add(p1); p.add(p2); p.add(p3); p.add(p4); p.add(p5);
        frame.add(p);
        frame.setVisible(true);
    }
    public static void main(String args[ ]){
        new InputData();
    }
}
```

任务分析

在可视化界面设计中，要使用大量的系统类，本任务涉及可视组框架、标签、文本框、按钮等，对应的类分别为 JFrame、JLabel、JTextField、JButton 等，此外，还有一些非可视组件，如布局管理器等。每个系统类都有一些方法实现特定功能，因此学习时应掌握系统类的一些常用方法。

相关知识

Java 早期进行用户界面设计时，使用 java.awt 包中提供的类，比如 Button（按钮）、TextField（文本框）等组件类，“AWT”就是 Abstrac Window Toolkit（抽象窗口工具包）的缩写。但 AWT 有一些缺失，后来增加了一个新的 javax.swing 包，该包提供了功能更为强大的、用来设计 GUI 界面的类。Swing 组件不但填补了 Java GUI 的一些缺失，也提供了许多新的组件，可以用来组合出复杂的用户界面。但 Swing 组件不能取代 AWT 组件，因为 Swing 是架构在 AWT 之上的，没有 AWT 就没有 Swing。Swing 只能替代 AWT 的用户界面组件，辅助类仍保持不变，并且仍然使用 AWT 的事件模型。

5.1.1 认识 Component 组件

图 5－2 展示了多种组件之间的继承关系，在所有的类中，Component 类是所有类的父类，javax.swing 包中 JComponent（轻组件）类是 java.awt 包中 Container 类的一个直接子类、Component 类的一个间接子类。

在学习 GUI 编程时，必须理解和掌握两个概念：组件类（Component）和容器类（Container）。

Component 类是其他组件类的父类，Java 把由 Component 类的子类或间接子类创建的对象称为一个组件。在此介绍该类的一些方法，这些方法可直接继承到子类中使用。

public void setFont（Font f）：设置组件的字体。

public void setForeground（Color r）：设置组件的前景色。

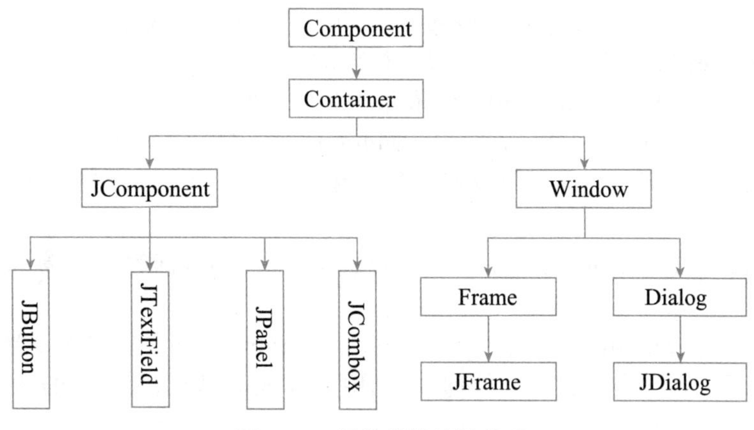

图 5－2　组件间的继承关系

public void setLocation（int x, int y）：设置组件的显示位置。

public void setSize（int width, int height）：调整组件的大小，使其宽度为 width，高度为 height。

public void setVisible（boolean b）：根据参数 b 的值显示或隐藏此组件。

public Color getForeground()：获得组件的前景色。

public Font getFont()：获得组件的字体。

public Color getBackground()：获得组件的背景色。

public int getHeight()：返回组件的当前高度。

public void invalidate()：使此组件无效。

Java 把由 Container 的子类或间接子类创建的对象称为一个容器。容器类的常用方法如下：

public void add()：一个容器调用这个方法将组件添加到该容器中。

public void removeAll()：容器调用 removeAll() 方法可以移掉容器中的全部组件。

public void remove（Component c）：调用 remove（Component c）方法可以移掉容器中参数指定的组件。

public void validate()：当容器添加新的组件或移掉组件时，应该让容器调用 validate() 方法，以保证容器中的组件能正确显示出来。

容器组件是容纳其他可视组件的，我们先来认识几个容器组件。

5.1.2　容器组件

1. 框架（JFrame）

框架是一个不被其他窗体所包含的独立的窗体，是在 Java 图形化应用中容纳其他用户接口组件的基本单位。JFrame 类是用来创建一个窗体的。

框架的构造方法如下：

public JFrame()：声明并创建一个没有标题的 JFrame 对象。

public JFrame（String title）：声明并创建一个指定标题为 title 的 JFrame 对象。

框架的实例方法如下：

public void add（Component comp）：在框架中添加组件 comp。

public void setLayout（LayoutManager mgr）：设置布局方式。

public void setTitle（String title）：设置框架的标题。

public String getTitle（String title）：获取框架的标题。

public void setBounds（int a, int b, int width, int height）：设置出现在屏幕上时的初始位置为（a, b），即距屏幕左面 a 个像素，距屏幕上方 b 个像素，窗口的宽是 width，高是 height。

public void setResizable（boolean b）：设置窗口是否可调整大小，默认窗口是可以调整大小的。

public void setDefaultCloseOperation（int operation）：该方法用来设置单击窗体右上角的关闭图标后，程序会做怎样的处理。其中的 operation 取值及实现的功能如下：

```
JFrame .DO_NOTHING_ON_CLOSE：什么也不做
JFrame .HIDE_ON_CLOSE：隐藏当前窗口
JFrame .DISPOSE_ON_CLOSE：隐藏当前窗口，并释放窗体占有的其他资源
JFrame .EXIT_ON_CLOSE：结束窗体所在的应用程序
```

例 5.1 建立一个框架。

```
import javax.swing.*;
import java.awt.*;
public class MyFrame{
  public static void main(String args[ ]){
    JFrame f=new JFrame（" 第一个窗口程序 "）;          // JFrame 在 javax.swing 包中
    f.setSize(220, 140);
    f.setLocation(300, 200);
    f.setBackground(Color.green);                       // Color 在 java.awt 包中
    f.setVisible(true);
    f.setDefaultCloseOperation(JFrame.EXIT_ON_CLOSE);   // 按关闭退出程序
  }
}
```

程序运行结果如图 5－3 所示。

2. 面板（JPanel）

面板（JPanel）是一个轻量容器组件，用于容纳界面元素，以便在布局管理器的设置下可容纳更多的组件，实现容器的嵌套。框架与面板尽管都是容器，但框架可以独立显示，而面板一般要嵌入到框架中显示，框架带标题条、菜单条等，但容器不带。

图 5－3 程序运行结果

例 5.2 向框架中加入两个面板。

```
import javax.swing.*;
import java.awt.*;
class MyFrame{
  public static void main(String args[ ]){
    JFrame f=new JFrame(" 加入面板的框架 ");
    f.setLayout(new GridLayout(2, 1));          // 把框架分上下两部分
    JPanel p1=new JPanel();
```

```
    JPanel p2=new JPanel();
    p1.setBackground(Color.red);                    //设置 p1 面板的背景色为红色
    p2.setBackground(Color.green);                  //设置 p2 面板的背景色为绿色
    f.add(p1);
    f.add(p2);
    f.setSize(220, 140);
    f.setLocation(300, 200);
    f.setBackground(Color.green);
    f.setVisible(true);
    f.setDefaultCloseOperation(JFrame.EXIT_ON_CLOSE);
  }
}
```

程序运行结果如图 5－4 所示。

5.1.3 布局管理器

图 5－4 加入面板后的框架

在较为复杂的界面中，要在程序的窗体中加入多个组件，每个组件都要有精确的位置，组件的位置由 Java 中的布局管理器来安置。当程序窗口大小发生变化时，组件的大小也由布局管理器来进行调整。

Java 有多种布局管理器，在此仅介绍常用的几种。

1. 流布局（FlowLayout）

该布局按从左至右、从上至下的方式将组件加入到容器中。流布局类 FlowLayout 的构造方法如下：

public FlowLayout()：创建一个流布局类对象。

public FlowLayout（int align)：创建一个流布局类对象，其中 align 表示对齐方式，其值有 3 个，为 FlowLayout .LEFT、FlowLayout .RIGHT、FlowLayout .CENTER，默认为 FlowLayout .CENTER。

public FlowLayout（int align, int hgap, int vgap)：其中 align 表示对齐方式；hgap 和 vgap 指定组件的水平和垂直间距，单位是像素，默认值为 5。

设置容器布局为流布局的方法如下：

c.setLayout（FlowLayout layout)：将容器组件 C 的布局设为流布局。

例如，创建一个框架，若指定框架布局为流布局，则可采用以下两种方式。

方式一：

```
JFrame f=new JFrame();
FlowLayout fLayout=new FlowLayout();
f.setLayout(fLayout);
```

方式二：

```
JFrame f=new JFrame();
f.setLayout(new FlowLayout());
```

例 5.3 使用流布局放置组件。

```
import java.awt.*;
import javax.swing.*;
public class FlowLayoutDemo{
    public static void main(String arg[ ]){
        JButton b1 = new JButton("Button1");           // 新建按钮组件
        JButton b2 = new JButton("Button2");
        JButton b3 = new JButton("Button3");
        JButton b4 = new JButton("Button4");
        JButton b5 = new JButton("Button5");
        JFrame win = new JFrame("FlowStyle");
        win.setLayout(new FlowLayout());               // 设置框架为流布局
        win.add(b1);
        win.add(b2);
        win.add(b3);
        win.add(b4);
        win.add(b5);
        win.setSize(200, 160);
        win.setVisible(true);
        win.setDefaultCloseOperation(JFrame.EXIT_ON_CLOSE);
    }
}
```

程序运行结果如图 5－5 所示。

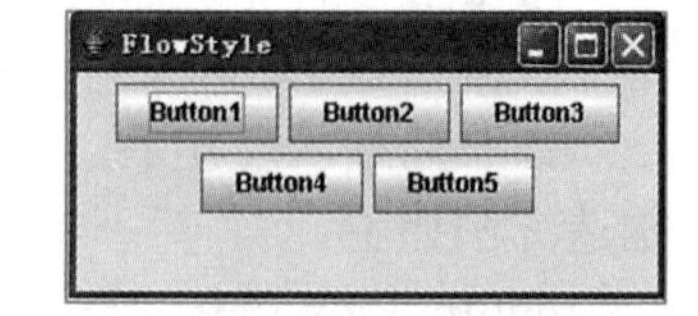

图 5－5　程序运行结果

2. 边界布局（BorderLayout）

该布局将容器组件划分成了 5 个区域：南（South）、北（North）、东（East）、西（West）、中（Center）。

边界布局类的构造方法如下：

public BorderLayout()：创建一个边界布局管理类对象。

public BorderLayout（int hgap, int vgap）：创建一个边界布局管理类对象。其中，hgap 和 vgap 指定组件的水平和垂直间距，单位是像素，默认值为 0。

设置容器的布局为边界布局的方法如下：

c.setLayout（BorderLayout layout）：将容器组件 C 的布局设为边界布局。

若指定了容器的布局为边界布局，则向容器中加入组件，可以通过以下两种形式实现：

add（String s, Component comp）：其中 s 代表位置，位置用字符串“South”“North”“East”“West”“Center”表示。

add（Component comp, int x）：其中 x 是代表位置的常量值，分别是 BorderLayout.SOUTH、BorderLayout.NORTH、BorderLayout.EAST、BorderLayout.WEST、BorderLayout.CENTER。

说明：

（1）在边界布局中，若向框架加入组件，如果不指定位置，则默认把组件加到“中”的区域。

（2）若某个位置未被使用，则该位置将被其他组件占用。

例 5.4 按边界布局添加 5 个按钮。

```
import java.awt.*;
import javax.swing.*;
class BorderLayoutDemo{
   public static void main(String arg[ ]){
      JButton north = new JButton("North");          // 新建按钮组件
      JButton east = new JButton("East");
      JButton west = new JButton("west");
      JButton south = new JButton("South");
      JButton center = new JButton("Center");
      JFrame win = new JFrame("Border Style");
    win.setLayout(new BorderLayout());               // 设置框架为边界布局
      win.add("North" , north);
      win.add("South" , south);
      win.add("Center" , center);
      win.add("East" , east);
      win.add("West" , west);
      win.setSize(200, 200);
      win.setVisible(true);
      win.setDefaultCloseOperation(JFrame.EXIT_ON_CLOSE);
   }
}
```

程序运行结果如图 5－6 所示。

说明：框架在不设定布局样式的情况下，默认为边界布局，而面板在不设定布局样式的情况下，默认为流布局。

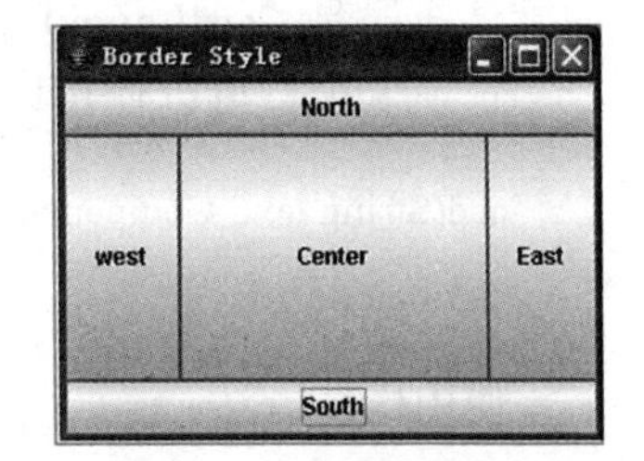

图 5－6 程序运行结果

3. 网格布局

该布局将容器划分成规则的行列网格样式，组件逐行加入到网格中，每个组件大小一致。但当容器中放置的组件数超过网格数时，则自动增加网格列数，行数不变。

网格布局类的构造方法如下：

public GridLayout（int rows, int cols）：rows 表示网格行数，cols 表示网格列数。

public GridLayout（int rows, int cols, int hgap, int vgap）：rows 表示网格行数，cols 表示网格列数；hgap 和 vgap 指定组件的水平和垂直间距，单位是像素。

设置容器为网格布局的用法如下：

c.setLayout（GridLayout layout）：将容器组件 C 的布局设为网格布局。

例 5.5 使用网格布局放置组件。

```
import java.awt .*;
import javax.swing.*;
class GridLayoutDemo{
   public static void main(String arg[ ])   {
      JButton b1 = new JButton("Button1");          // 新建按钮组件
      JButton b2 = new JButton("Button2");
      JButton b3 = new JButton("Button3");
```

```
        JButton b4 = new JButton("Button4");
        JButton b5 = new JButton("Button5");
        JButton b6 = new JButton("Button6");
        JFrame win = new JFrame("GridStyle");
        win.setLayout(new GridLayout(2, 3));         // 设置框架为网络布局
        win.add(b1);
        win.add(b2);
        win.add(b3);
        win.add(b4);
        win.add(b5);
        win.add(b6);
        win.setSize(260, 160);
        win.setVisible(true);
        win.setDefaultCloseOperation(JFrame.EXIT_ON_CLOSE);
    }
}
```

程序运行结果如图 5 – 7 所示。

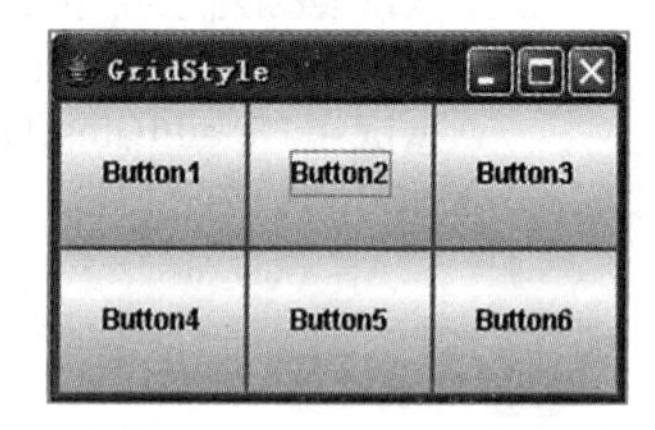

图 5 – 7　程序运行结果

4. 卡片式布局

使用 CardLayout 的容器可以容纳多个组件，但是实际上同一时刻容器只能从这些组件中选出一个来显示，这个被显示的组件将占据容器的所有空间。

JTabbedPane 创建的对象称为选项卡窗格。选项卡窗格的默认布局是 CardLayout 卡片式布局。

选项卡窗格可以使用以下方法：

```
add(String text, Component c);
```

将组件 c 添加到容器当中，并指定和该组件 c 对应的选项卡的文本提示是 text。

使用构造方法：

```
public JTabbedPane(int place)
```

创建的选项卡窗格的选项卡的位置由参数 place 指定，其值为 JTabbedPane.TOP、JTabbedPane.BOTTOM、JTabbedPane.LEFT、JTabbedPane.RIGHT。

例 5.6　利用选项卡窗格使用卡片布局。

```
import java.awt.*;
import javax.swing.*;
public class CardLayoutDemo{
    public static void main(String arg[ ])    {
        JFrame win = new JFrame("CardStyle"_;
        JTabbedPane p=new JTabbedPane(JTabbedPane.LEFT);          // 创建选项卡窗格
        for(int i=1; i<=3; i++){
            p.add(" 观看第 "+i+" 个按钮 ", new JButton(" 按钮 "+i));
        }
        win.add(p);                                                // 将选项卡窗格加入到框架中
```

```
        win.setSize(260, 160);
        win.setVisible(true);
        win.setDefaultCloseOperation(JFrame.EXIT_ON_CLOSE);
    }
}
```

程序运行结果如图 5－8 所示。

5.1.4 常用可视组件

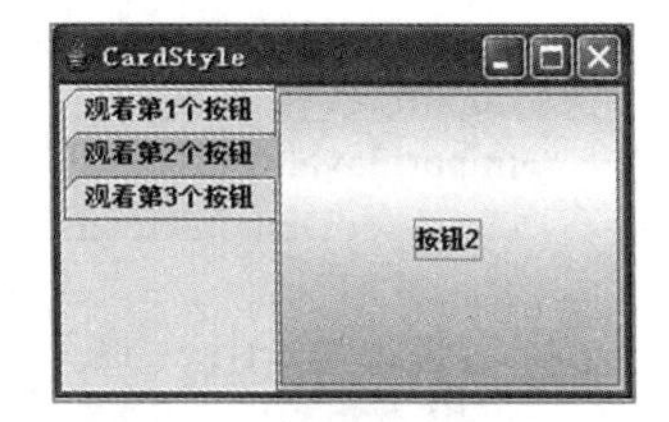

图 5－8 程序运行结果

在图形界面中有大量的可视组件可供使用。下面先学习最常用的几种组件的用法，后面再补充一些组件的用法。

1. 按钮（JButton）

按钮是一个常用组件，按钮可以带标签或图像。按钮常用的构造方法如下：

public JButton(Icon icon)：按钮上显示图标。

public JButton(String text)：按钮上显示的文本为 text。

public JButton(String text, Icon icon)：创建名字是 text 且带有图标 icon 的按钮。

按钮常用的实例方法如下：

public void setText(String text)：按钮调用该方法可以重新设置当前按钮的名字，名字由参数 text 指定。

public String getText()：按钮调用该方法可以获取当前按钮上的名字。

public void setIcon(Icon icon)：按钮调用该方法可以重新设置当前按钮上的图标。

2. 标签（JLabel）

JLabel 类负责创建标签对象，标签用来显示信息，但没有编辑功能。标签常用构造方法如下：

public JLabel ()：创建没有名字的标签。

public JLabel (String s)：创建名字是 s 的标签。

public JLabel (String s, int aligment)：创建名字是 s，对齐方式是 aligment 的标签。aligment 取值为 JLabel.LEFT，JLabel.RIGHT，JLabel.CENTER。

public JLabel (Icon icon)：创建具有图标 icon 的标签，icon 在标签中靠左对齐。

按钮常用实例方法如下：

public String getText()：获取标签的名字。

public void setText(String s)：设置标签的名字是 s。

public void setIcon(Icon icon)：设置标签的图标是 icon。

3. 文本框（JTextField）

JTextField 创建的一个对象就是一个文本框。用户可以在文本框输入单行的文本。文本框的主要构造方法如下：

public JTextField(int x)：如果使用这个构造方法创建文本框对象，文本框的可见字符个数由参数 x 指定。

public JTextField(String s)：如果使用这个构造方法创建文本框对象，则文本框的初始字符串为 s。

文本框常用实例方法如下：

public void setText(String s)：文本框对象调用该方法可以设置文本框中的文本为参数 s 指定的文本。

public String getText()：文本框对象调用该方法可以获取文本框中的文本。

public void setEditable(boolean b)：文本框对象调用该方法可以指定文本框的可编辑性。

例 5.7 设计一个加法器界面。

```
import javax.swing.*;
import java.awt.*;
class AddDemo extends JFrame{
JLabel b1, b2;
   JTextField t1, t2, t3;
   JButton bt;
   public AddDemo(){
      b1 = new JLabel(" 加数 1: ", JLabel.CENTER);
      b2 = new JLabel(" 加数 2: ", JLabel.CENTER);
      b1.setBorder(BorderFactory.createEtchedBorder());     // 设定标签带边框
b2.setBorder(BorderFactory.createEtchedBorder());
      t1=new JTextField(6);
      t2=new JTextField(6);
      t3=new JTextField(6);
      t3.setEditable(false);                                // 设置记录和的文本框不可编辑
      bt=new JButton(" 求和 ");
      setLayout(new GridLayout(3, 2));
      add(b1);
      add(t1);
      add(b2);
      add(t2);
      add(bt);
      add(t3);
      setSize(200, 160);
      setVisible(true);
      setDefaultCloseOperation(JFrame.EXIT_ON_CLOSE);
   }
   public static void main(String arg[])
   {
      new AddDemo();
   }
}
```

程序运行结果如图 5－9 所示。

4. 滚动窗口（JScrollPane）

JScrollPane 是带滚动条的面板，主要是通过移动 JViewport（视口）来实现的。JViewport 是一种特殊的对象，用于查看基层组件，滚动条实际就是沿着组件移动视口，同时描绘出它在下面“看到”的内容。滚动窗口的构造方法如下：

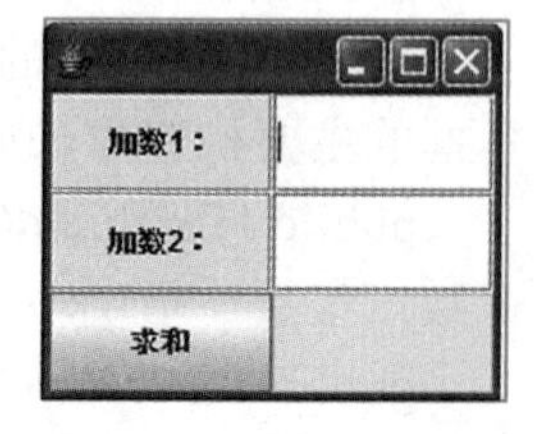

图 5－9 程序运行结果

public JScrollPane()：创建一个空的 JScrollPane，需要时水平和垂直滚动条都可显示。

public JScrollPane（Component c)：创建一个显示指定组件内容的 JScrollPane，只要组件的内容超过视图大小就会显示水平和垂直滚动条。

向已有的滚动窗口添加组件的方法如下：

getViewport().add（Component c)：向获取的 JViewport（视口）添加组件 C，即可把组件加入滚动窗口中。

在图 5－10 中，滚动窗口中加入了文本区组件。当文本区行数超出窗口显示范围时，则自动加入垂直滚动条；当一行中的内容超出窗口宽度时，则自动加入水平滚动条。

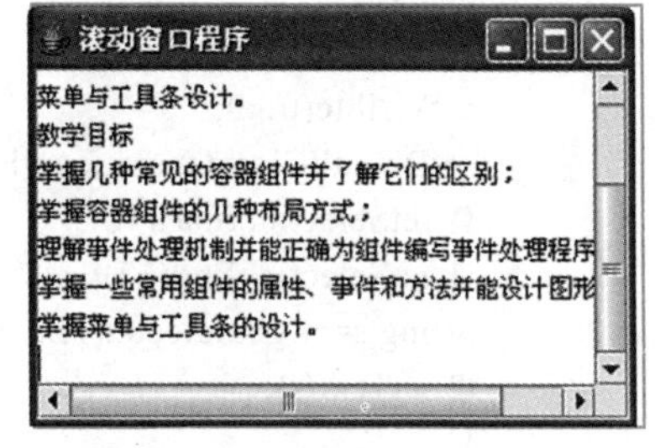

图 5－10 滚动窗口样式

5. 文本区（JTextArea）

JTextField 只能输入一行文本，如想让用户输入多行文本，可以通过使用 JTextArea，它允许用户输入多行文字。文本区常用构造方法如下：

JTextArea(int rows, int columns)：创建一个指定行数和列数的文本区。

JTextArea(String s, int rows, int columns)：创建一个指定文本、行数和列数的文本区。

文本区常用的实例方法如下：

public void append(String s)：在文本区尾部追加文本内容 s。

public void insert(String s, int position)：在文本区位置 position 处插入文本 s。

public String getSelectedText()：获取文本区中选中的内容。

public void setSelectionStart(int position)：设置要选中文本的起始位置。

public void setSelectionEnd(int position)：设置要选中文本的终止位置。

public void replaceRange(String s, int start, int end)：把文本区中从 start 位置开始至 end 位置之间的文本用 s 替换。

public void setCaretPosition(int position)：设置文本区中光标的位置。

public int getSelectionStart()：获取选中文本的起始位置。

public int getSelectionEnd()：获取选中文本的终止位置。

public void selectAll()：选中文本区的全部文本。

setLineWrap(boolean)：设定文本区是否自动换行。

例 5.8 文本区内容的复制。

```
import javax.swing.*;
import java.awt.*;
public class CopyTextFrame extends JFrame{
  JTextArea t1, t2;
  JScrollPane s1, s2;
    public CopyTextFrame()   {
    t1=new JTextArea("I'm learning java!what are you doing!");
    t1.setLineWrap(true);                    //设置自动换行
    t2=new JTextArea();
```

```
        t2.setLineWrap(true);
        s1=new JScrollPane(t1);                   // 将文本区加入滚动面板
        s2=new JScrollPane(t2);
        setLayout(new GridLayout(1, 2));
        add(s1);
        add(s2);
        setSize(300, 200);
        setVisible(true);
        setDefaultCloseOperation(JFrame.EXIT_ON_CLOSE);
        t1.setSelectionStart(18);                 // 设置选中起始位置
        t1.setSelectionEnd(37);                   // 设置选中结束位置
        String s=t1.getSelectedText();            // 获取选中的内容
        t2.setText(s);
        }
        public static void main(String arg[ ]) {
          new CopyTextFrame();
        }
    }
```

程序运行结果如图 5－11 所示。

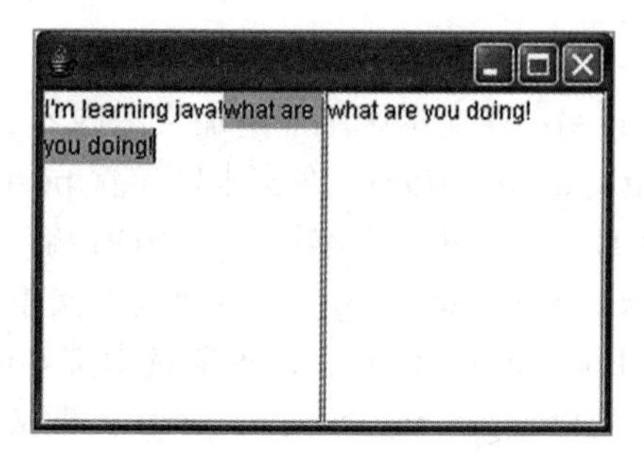

图 5－11　程序运行结果

任务 5.2　学生信息输入后确认处理

任务情境

在学生信息管理系统中，要输入学生的姓名、性别、爱好、籍贯，除姓名需要由键盘输入外，其他输入信息相对固定，如果也由键盘输入，势必会增加用户的输入工作量。为此我们可以设计一个界面，在界面中采用一些可视组件由用户从一些固定选项值中选择输入的内容。同时输入的信息应该由用户进一步确认，然后再决定下一步如何对信息进行处理。在本任务中输入信息由用户通过按“确定”按钮确认后输出到一个文本区中，最终结果如图 5－12 所示。

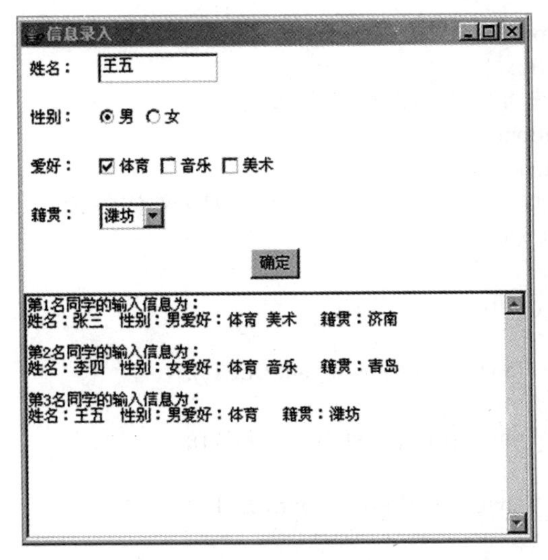

图 5－12　学生信息输入界面

任务实现

```
import javax.swing.*;
import java.awt.*;
import java.awt.event.*;
class InputData implements ActionListener{
  JFrame frame;
  JLabel lXm, lXb, lAh, lJg;
  JTextField tXm;
  JRadioButton rNan, rNu;                    // 声明单选按钮组件
  ButtonGroup g;                             // 声明按钮组
  JCheckBox ty, yy, msh;                     // 声明复选框组件
  JPanel p1, p2, p3, p4, p5;
  JComboBox cJg;                             // 声明列表框组件
  JButton button;
  JTextArea ta;                              // 声明文本区组件
  int i=0;
  public InputData()   {
    frame=new JFrame(" 信息录入 ");
    lXm=new JLabel(" 姓名：");
    lXb=new JLabel(" 性别：");
    lAh=new JLabel(" 爱好：");
    lJg=new JLabel(" 籍贯：");
    tXm=new JTextField(10);
    g=new ButtonGroup();                     // 创建按钮组对象
    rNan=new JRadioButton(" 男 " , true);     // 创建单选按钮对象
    rNu=new JRadioButton(" 女 " , false);
    g.add(rNan);
    g.add(rNu);
    ty=new JCheckBox(" 体育 ");               // 创建复选框对象
```

```
    yy=new JCheckBox(" 音乐 ");
    msh=new JCheckBox(" 美术 ");
    String sh[]={" 济南市 "," 烟台市 "," 潍坊市 "};
    cJg=new JComboBox(sh);
    button=new JButton(" 确定 ");
    ta=new JTextArea();                              // 创建文本区对象
    button.addActionListener(this);
    frame.setLocation(100, 100);
    frame.setSize(400, 400);
    p1=new JPanel();
    p1.setLayout(new FlowLayout(FlowLayout.LEFT));
    p2=new JPanel();
    p2.setLayout(new FlowLayout(FlowLayout.LEFT));
    p3=new JPanel();
    p3.setLayout(new FlowLayout(FlowLayout.LEFT));
    p4=new JPanel();
    p4.setLayout(new FlowLayout(FlowLayout.LEFT));
    p1.add(lXm); p1.add(tXm);
    p2.add(lXb); p2.add(rNan); p2.add(rNu);
    p3.add(lAh); p3.add(ty); p3.add(yy); p3.add(msh);
    p4.add(lJg); p4.add(cJg); p4.add(new JLabel("        "));
    p4.add(button);
    Panel p=new Panel();
    p.setLayout(new GridLayout(4, 1));
    p.add(p1); p.add(p2); p.add(p3); p.add(p4);
    frame.setLayout(new GridLayout(2, 1));
    frame.add(p);
    frame.add(ta);
    frame.setVisible(true);
    frame.setDefaultCloseOperation(JFrame.EXIT_ON_CLOSE);
  }
  public static void main(String args[ ])   {
    new InputData();
  }
  public void actionPerformed(ActionEvent e){    // 事件方法
    i++;
    String s="";
    s=" 第 "+i+" 名同学的输入信息为：\n";
    s=s+" 姓名："+tXm.getText()+" 性别：";
    if (rNan.isSelected())
      s=s+" 男 ";
    else
      s=s+" 女 ";
    s=s+" 爱好：";
    if(ty.isSelected())
      s=s+" 体育 ";
    if(yy.isSelected())
      s=s+" 音乐 ";
    if(msh.isSelected())
      s=s+" 美术 ";
```

```
        s=s+" 籍贯：";
        s=s+cJg.getSelectedItem()+"\n\n";
        ta.append(s);
    }
}
```

任务分析

在上述程序实现的可视化界面设计中，使用到了单选按钮、复选框、列表框等一些可选择可视组件，对应的系统类分别是 JRadioButton、JCheckBox、JComboBox 等，同时单击确定按钮，根据事件处理机制转到事件处理方法中，从而实现特定功能。

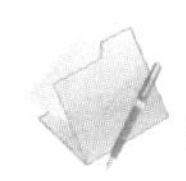

相关知识

5.2.1 事件处理机制

前面编写的求和程序，尽管有完善的界面，但并不能在用户输入两个加数后把和放入存放和的文本框中，这是因为我们没有编写相应的事件处理程序。下面将介绍事件处理程序的基本原理。

1. 事件处理的基本原理

图形用户界面通过事件机制响应用户和程序的交互。产生事件的组件称为事件源。例如，当单击某个按钮时会产生单击事件，该按钮就称为事件源。要处理产生的事件，需要在特定的方法中编写处理事件的程序，这样，当产生某种事件时就会调用处理这种事件的方法，从而实现用户与程序的交互，这就是图形用户界面事件处理的基本原理。

2. 编写事件处理程序的方法

Java 采用的是事件源——事件监听者模型。引发事件的对象称为事件源，接收并处理事件的对象是事件监听者。引入事件处理机制后的编程基本方法如下：

（1）在 java.awt 中，组件实现事件处理必须使用 java.awt.event 包，所以在程序开始处应加入 import java.awt.event.* 语句。

（2）用如下语句设置事件监听者：事件源 .addXxxListener（事件监听者）。

（3）事件监听者所对应的类实现事件所对应的接口 XxxListener，并重写接口中的全部方法。

这样就能处理图形用户界面中的对应事件。要删除事件监听者，可以使用语句：事件源 .removeXxxLitener()。

例 5.9 利用事件处理机制设计求和程序。

```
import javax.swing.*;
import java.awt.*;
import java.awt.event.*;
public  class AddDemo extends JFrame implements ActionListener{
```

```
    JLabel b1, b2;
    JTextField t1, t2, t3;
    JButton bt;
    public AddDemo()   {
      b1 = new JLabel(" 加数 1：", JLabel.CENTER);
      b2 = new JLabel(" 加数 2：", JLabel.CENTER);
      b1.setBorder(BorderFactory.createEtchedBorder());     // 设定标签带边框
  b2.setBorder(BorderFactory.createEtchedBorder());
      t1=new JTextField(6);
      t2=new JTextField(6);
      t3=new JTextField(6);
      t3.setEditable(false);                                // 设置记录和的文本框不可编辑
      bt=new JButton(" 求和 ");
      setLayout(new GridLayout(3, 2));
      add(b1);     add(t1);
      add(b2);     add(t2);
      add(bt);     add(t3);
      bt.addActionListener(this);                           // 为 bt 注册事件监听器
      setSize(200, 160);
      setVisible(true);
      setDefaultCloseOperation(JFrame.EXIT_ON_CLOSE);
    }
    public static void main(String arg[]){
      new AddDemo();
    }
      public void actionPerformed(ActionEvent e){           // 实现接口中的抽象方法
      t3.setText(""+(Integer.parseInt(t1.getText())+Integer.parseInt(t2.getText())));
    }
  }
```

程序运行时，用户在两个输入框中分别输入两个整数，单击“求和”按钮，则在第 3 个输入框中显示两数的和，结果如图 5－13 所示。

3. Java 常用事件

Java 将所有组件可能发生的事件进行分类，具有共同特征的事件被抽象为一个事件类 AWTEvent，其中包括 ActionEvent（动作事件）、MouseEvent（鼠标事件）、KeyEvent（键盘事件）等。常用 Java 事件类、处理该事件的接口与接口中的方法见表 5－1。

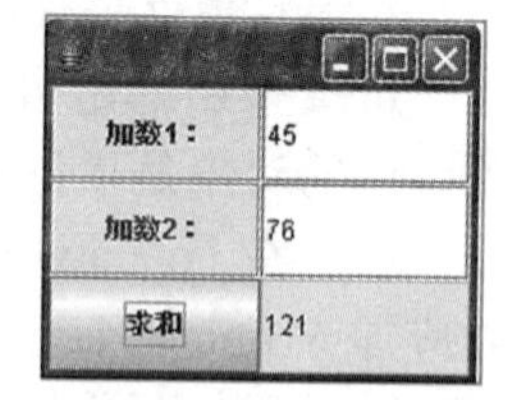

图 5－13　程序运行结果

表 5－1　常用 Java 事件类、处理该事件的接口与接口中的方法

事件类 / 接口名称	接口方法与说明
ActionEvent 动作事件类 ActionListener 接口	actionPerformed(ActionEvent e) 单击按钮、选择菜单项或在文本框中按回车键时
ComponentEvent 调整事件类 ComponentListener 接口	componentMoved(ComponentEvent e)　组件移动时 componentHidden(ComponentEvent e)　组件隐藏时 componentResized(ComponentEvent e)　组件缩放时 componentShown(ComponentEvent e)　组件显示时

续表

事件类 / 接口名称	接口方法与说明	
FocusEvent 焦点事件类 FocusListener 接口	focusGained(FocusEvent e) focusLost(FocusEvent e)	组件获得焦点时 组件失去焦点时
ItemEvent 选择事件类 ItemListener 接口	itemStateChanged(ItemEvent e)	选择复选框、单选按钮、单击列表框、选中带复选框菜单时
KeyEvent 键盘事件类 KeyListener 接口	keyPressed(KeyEvent e) keyReleased(KeyEvent e) keyTyped(KeyEvent e)	按下键时 释放键时 击键时
MouseEvent 鼠标事件类 MouseListener 接口 MouseEvent 鼠标事件类 MouseMotionListener 接口	mouseClicked(MouseEvent e) mouseEntered(MouseEvent e) mouseExited(MouseEvent e) mousePressed(MouseEvent e) mouseReleased(MouseEvent e) mouseDragged(MouseEvent e) mouseMoved(MouseEvent e)	单击鼠标时 鼠标进入时 鼠标离开时 鼠标按下时 鼠标释放时 鼠标拖放时 鼠标移动时
TextEvent 文本事件类 TextListener 接口	textValueChanged(TextEvent e)	文本框、文本区内容修改时
WindowEvent 窗口事件类 WindowListener 接口	windowOpened(WindowEvent e) windowClosed(WindowEvent c) windowClosing(WindowEvent e) windowActivated(WindowEvent e) windowDeactivated(WindowEvent e) windowIconified(WindowEvent e) windowDeiconified(WindowEvent e)	窗口打开后 窗口关闭后 窗口关闭时 窗口激活时 窗口失去焦点时 窗口最小化时 最小化窗口还原时
AdjustmentEvent 调整事件类 AdjustmentListener 接口	adjustmentValueChanged(AdjustmentEvent e)	改变滚动条滑块位置

每个事件类都提供方法：public Object getSource()，当多个事件源触发的事件由一个共同的监听器处理时，通过该方法判断当前的事件源是哪一个组件。

例 5.10 设置标签内显示不同的图片。

```
import javax.swing.*;
import java.awt.event.*;
public class EventDemo extends JFrame implements ActionListener{
  JButton b1, b2, b3;
  JPanel p;
  JLabel picture;
  public EventDemo(){
    p=new JPanel();
    picture=new JLabel();
    b1=new JButton(" 图 1");
    b2=new JButton(" 图 2");
    b3=new JButton(" 图 5");
```

```
        b1.addActionListener(this);
        b2.addActionListener(this);
        b3.addActionListener(this);
        add("North" , p);
        p.add(b1);    p.add(b2);    p.add(b3);
        add(picture);
        setSize(200, 200);
        setVisible(true);
        setDefaultCloseOperation(JFrame.EXIT_ON_CLOSE);
    }
    public static void main(String args[ ]) {
        new EventDemo();
    }
    public void actionPerformed(ActionEvent e)   {
        if(e.getSource()==b1)                                    // 判断事件源
        picture.setIcon(new ImageIcon("image0.jpg"));            // 图片文件与程序存放位置一致
        if(e.getSource()==b2)
            picture.setIcon(new ImageIcon("image1.jpg"));
        if(e.getSource()==b3)
        picture.setIcon(new ImageIcon("image2.jpg"));
    }
}
```

程序运行时，分别单击不同的按钮，则处于中央区的标签中显示不同的图片，运行结果如图 5－14 所示。

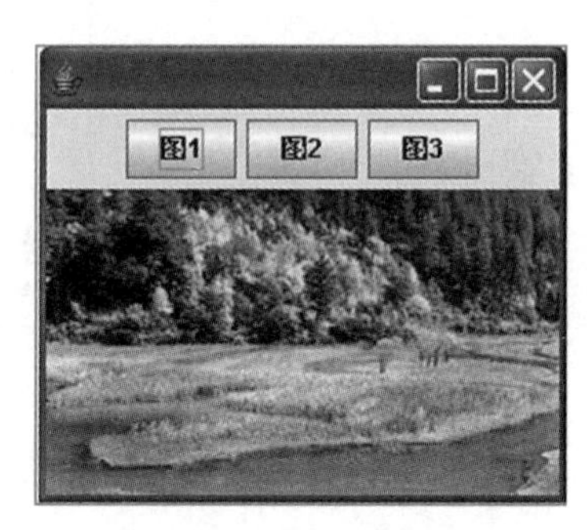

图 5－14　程序运行结果

4. 事件适配器

为了进行事件处理，需要实现 Listener 接口的类，而按 Java 的规定，在实现该接口的类中，必须实现接口中所声明的全部方法。在具体程序设计过程中，有可能只用到接口中的一个或几个方法。为了方便，Java 为那些声明了多个方法的 Listener 接口提供了一个对应的适配器（Adapter）类，在该类中实现了对应接口的所有方法，只是方法体为空。例如，窗口事件适配器的定义如下：

```
public abstract class WindowAdapter extends Object implements WindowListener{
public void windowOpened(WindowEvent e)   {}
public void windowClosed(WindowEvent e)   {}
public void windowClosing(WindowEvent e)   {}
public void windowActivated(WindowEvent e) {}
public void windowDeactivated(WindowEvent e) {}
public void windowIconified(WindowEvent e)  {}
public void windowDeiconified(WindowEvent e)   {}
}
```

由于在接口对应的适配器类中实现了接口的所有方法，因此在创建新类时，可以不实现接口，而只继承某个适当的适配器，并且仅覆盖所关心的事件处理方法。

接口与对应的适配器类见表 5－2。

表 5－2　接口与对应的适配器类

接口名称	适配器名称	接口名称	适配器名称
ComponentListener	ComponentAdapter	MouseListener	MouseAdapter
FocusListener	FocusAdapter	MouseMotionListener	MouseMotionAdapter
ItemListener	ItemAdapter	WindowListener	WindowAdapter
KeyListener	KeyAdapter		

例 5.11　鼠标事件应用。

```
package p1;
import java.awt.*;
import java.awt.event.*;
import javax.swing.*;
import javax.swing.border.*;
public class MouseEventDemo extends JFrame {
  public MouseEventDemo() {
    setTitle(" 鼠标事件 ");
    setBounds(100, 100, 473, 321);
    setVisible(true);
    setResizable(false);
    setDefaultCloseOperation(JFrame.EXIT_ON_CLOSE);
    getContentPane().setLayout(null);                // 容器布局为 null 布局
    JLabel label=new JLabel("    -------- 来点我啊 ---------");
    label.setBounds(240, 57, 160, 200);
    label.setBorder(new LineBorder(Color.red, 2));
    getContentPane().add(label);
    JLabel label1=new JLabel(" 鼠标点击区域 ");
    label1.setBounds(281, 32, 84, 15);
    getContentPane().add(label1);
    JScrollPane scrollpane=new JScrollPane();        // 建滚动面板
    scrollpane.setBounds(32, 27, 183, 216);
    getContentPane().add(scrollpane);
    JTextArea textatea=new JTextArea();              // 创建文本域
    scrollpane.setViewportView(textatea);            // 添加文本到滚动面板
    label.addMouseListener(new MouseAdapter() {
      public void mouseReleased(MouseEvent e) {      // 鼠标释放监听
        textatea.append(" 鼠标释放啦 ....\n");
      }
      public void mousePressed(MouseEvent e) {       // 鼠标按下监听
        textatea.append(" 鼠标按下啦 ....\n");
      }
      public void mouseExited(MouseEvent e) {        // 鼠标离开监听
        textatea.append(" 鼠标离开啦 ....\n");
      }
      public void mouseEntered(MouseEvent e) {       // 鼠标进入监听
        textatea.append(" 鼠标进入啦 ....\n");
```

```
        double x=textatea.getX();                       // 鼠标坐标
        double y=textatea.getY();
        textatea.append(" 鼠标此时的坐标为："+x+","+y+"\n");
      }
      public void mouseClicked(MouseEvent e) {          // 鼠标单击监听
        int btn=e.getButton();                          // 记录鼠标哪一个键被按下
        switch(btn) {
          case MouseEvent.BUTTON1:
            textatea.append(" 鼠标左键点击了 \n");
            break;
          case  MouseEvent.BUTTON2:
            textatea.append(" 鼠标滑轮点击了 \n");
            break;
          case  MouseEvent.BUTTON3:
            textatea.append(" 鼠标右键点击了 \n");
            break;
          }
  int count=e.getClickCount();                          // 记录鼠标单击的次数
          textatea.append(" 鼠标单击了 "+count+" 次 \n");
        }
      });
    }
  public static void main(String[] args) {
  new MouseEventDemo();
  }
}
```

程序运行结果如图 5－15 所示。

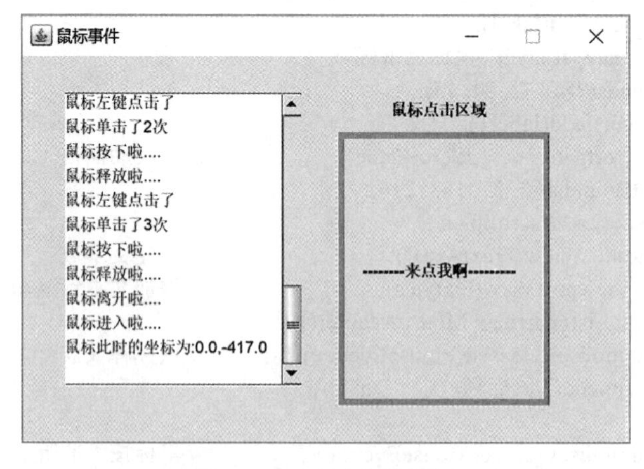

图 5－15　程序运行结果

5.2.2　可供用户进行选择的可视组件

在许多输入项中，有些是相对固定的内容，为方便用户的输入，系统提供了一些选择组件，供用户从一些选项中输入数据。

1. 复选框（JCheckBox）

复选框提供两种状态，一种是选中，另一种是未选中，用户通过单击该组件切换状态。复选框的常用方法如下：

（1）public JCheckBox()：创建一个没有名字的复选框。

（2）public JCheckBox(String text)：创建一个名字是 text 的复选框。

（3）public boolean isSelected()：如果复选框处于选中状态，该方法返回 true，否则返回 false。

如果不对复选框进行初始化设置，默认的初始化设置均为非选中状态。

当复选框获得监视器之后，复选框选中状态发生变化时就会发生 ItemEvent 事件，ItemEvent 类将自动创建一个事件对象。发生 ItemEvent 事件的事件源获得监视器的方法是 addItemListener(ItemListener listener)。由于复选框可以发生 ItemEvent 事件，JCheckBox 类提供了 addItemListener 方法。处理 ItemEvent 事件的接口是 ItemListener，创建监视器的类必须实现 ItemListener 接口，该接口中只有一个方法。当在复选框上发生 ItemEvent 事件时，监视器将自动调用接口方法：

```
public void itemStateChanged(ItemEvent e){…}
```

对发生的事件作出处理。

2. 单选按钮（JRadioButton）

单选按钮和复选框很类似，所不同的是：在若干个复选框中我们可以同时选中多个，而一组单选按钮同一时刻只能有一个被选中。当创建了若干个单选按钮后，应使用 ButtonGroup 对象把这若干个单选按钮归组。单选按钮的常用方法如下：

（1）JRadioButton(String text)：创建一个名字是 text 的单选按钮。

（2）JRadioButton(String text, boolean selected)：创建一个名字是 text 的单选按钮，同时指定了单选按钮的选中状态。

（3）public boolean isSelected()：如果单选按钮处于选中状态，则该方法返回 true，否则返回 false。

要将单选按钮分组，需要创建 ButtonGroup 的一个实例，并用 add 方法把单选按钮添加到该实例中，归到同一组的单选按钮每一时刻只能选一个。例如：

```
ButtonGroup btg = new ButtonGroup();
btg.add(jrb1);
btg.add(jrb2);
```

上述代码创建了一个单选按钮组，这样就不能同时选择 jrb1 和 jrb2。

单选按钮和复选框一样，也会触发 ItemEvent 事件，因此不再重复介绍。

例 5.12 单选按钮与复选框的用法。

```
import java.awt.*;
import java.awt.event.*;
import javax.swing.*;
class ExamRadioCheck implements ActionListener{
    JFrame f;
```

```
JLabel l1, l2;
JRadioButton r1, r2, r3, r4;
ButtonGroup g;
JCheckBox c1, c2, c3, c4;
JPanel p, p1, p2;
JButton b;
JTextArea t;
public ExamRadioCheck(){
   f=new JFrame();
   l1=new JLabel(" 选择你已学过的课程：");
   l2=new JLabel(" 选择你最喜欢的课程：");
   g=new ButtonGroup();                        // 创建按钮组对象
   c1=new JCheckBox(" 网络技术 " , false);
   c2=new JCheckBox("Java 设计 " , true);
   c3=new JCheckBox(" 网页设计 " , false);
   c4=new JCheckBox(" 文化基础 " , false);
   r1=new JRadioButton(" 网络技术 ");
   r2=new JRadioButton("Java 设计 ");
   r3=new JRadioButton(" 网页设计 ");
   r4=new JRadioButton(" 文化基础 ");
   g.add(r1); g.add(r2); g.add(r3); g.add(r4);      // 将单选按钮加入按钮组
   b=new JButton(" 确定 ");
   b.addActionListener(this);
   t=new JTextArea();
   p=new JPanel();
   p1=new JPanel();
   p2=new JPanel();
   p1.add(l1);    p1.add(c1);    p1.add(c2);
   p1.add(c3);    p1.add(c4);
   p2.add(l2);    p2.add(r1);    p2.add(r2);
   p2.add(r3);    p2.add(r4);    p2.add(b);
   p.add(p1);     p.add(p2);
   f.setLayout(new GridLayout(2, 1, 10, 10));
   f.add(p);
f.add(t);
   f.setSize(540, 200);
f.setVisible(true);
}
public static void main(String args[ ]){
   new ExamRadioCheck();
}
public void actionPerformed(ActionEvent e) {
String s="";
if(c1.isSelected())                          // 判断 c1 是否被选中
s=s+c1.getLabel()+" ";
if(c2.isSelected())
s=s+c2.getLabel()+" ";
if(c3.isSelected())
s=s+c3.getLabel()+" ";
if(c4.isSelected())
```

```
    s=s+c4.getLabel();
    t.append(" 你已学过的课程有："+s+"\n");
    if(r1.isSelected())                        // 判断 r1 是否被选中
    t.append(" 你最喜欢的课程是："+r1.getLabel());
    if(r2.isSelected())
    t.append(" 你最喜欢的课程是："+r2.getLabel());
    if(r3.isSelected())
    t.append(" 你最喜欢的课程是："+r3.getLabel());
    if(r4.isSelected())
    t.append(" 你最喜欢的课程是："+r4.getLabel());
    }
}
```

当程序运行时，我们可以从课程组中选取学过的多门课程并选出自己最喜欢的课程。程序运行结果如图 5－16 所示。

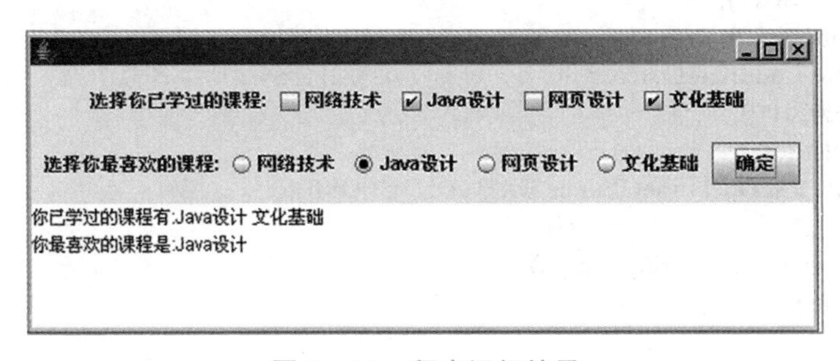

图 5－16　程序运行结果

3. 组合框（JComboBox）

组合框是用户十分熟悉的一个组件。用户单击组合框右侧的箭头时，选项列表打开。组合框的常用方法如下：

（1）public JComboBox()：使用该构造方法创建一个没有选项下拉列表。

（2）public JComboBox(Object[] items)：创建包含指定数组中的元素的 JComboBox。默认情况下，选择数组中的第一项。

（3）public void addItem(Object anObject)：下拉列表调用该方法增加选项。

（4）public int getSelectedIndex()：下拉列表调用该方法可以返回当前下拉列表中被选中的选项的索引，索引的起始值是 0。

（5）public Object getSelectedItem()：下拉列表调用该方法可以返回当前下拉列表中被选中的选项。

（6）public void removeItemAt(int anIndex)：下拉列表调用该方法可以从下拉列表的选项中删除索引值是 anIndex 选项。

（7）public void removeAllItems()：下拉列表调用该方法可以删除全部选项。

组合框的事件同复选框一样，组合框的事件也是 ItemEvent，可以通过 addItemListener (ItemListener listener) 为组件注册事件监听器。

例 5.13　组合框的应用。

```
import java.awt.*;
import java.awt.event.*;
```

```
import javax.swing.*;
class JComboxDemo extends JFrame implements ItemListener{
  JLabel jLabel1, jLabel2;
  JComboBox jComboBox1, jComboBox2;
  String sf[], sh[];
  public JComboxDemo(){
    jLabel1=new JLabel(" 所在省 ");
    jLabel2=new JLabel(" 所在市 ");
    String sf[]={" 山东省 "," 江苏省 "};
    jComboBox1=new JComboBox(sf);              // 创建并初始化组合框
    String sh[]={" 济南市 "," 烟台市 "," 潍坊市 "};
    jComboBox2=new JComboBox(sh);
  setLayout(new GridLayout(2, 2));
    add(jLabel1);
    add(jLabel2);
    add(jComboBox1);
    add(jComboBox2);
    jComboBox1.addItemListener(this);          // 为组合框注册事件监听器
    setSize(220, 100);
    setVisible(true);
    setDefaultCloseOperation(JFrame.EXIT_ON_CLOSE);
  }
  public static void main(String args[ ])  {
    new JComboxDemo();
  }
  public void itemStateChanged(ItemEvent e){   // 编写事件处理程序
    jComboBox2.removeAll();
    if(jComboBox1.getSelectedItem().equals(" 山东省 ")) {  // 判断组合框中是否选中 " 山东省 "

      jComboBox2.addItem(" 济南市 ");           // 添加列表项
      jComboBox2.addItem(" 烟台市 ");
      jComboBox2.addItem(" 潍坊市 ");
    }
  if(jComboBox1.getSelectedItem().equals(" 江苏省 ")){
      jComboBox2.addItem(" 南京市 ");
      jComboBox2.addItem(" 无锡市 ");
      jComboBox2.addItem(" 扬州市 ");
    }
  }
}
```

程序运行后，用户可从所在省中选择省份，其后的所在市相应发生变化。程序运行结果如图 5－17 所示。

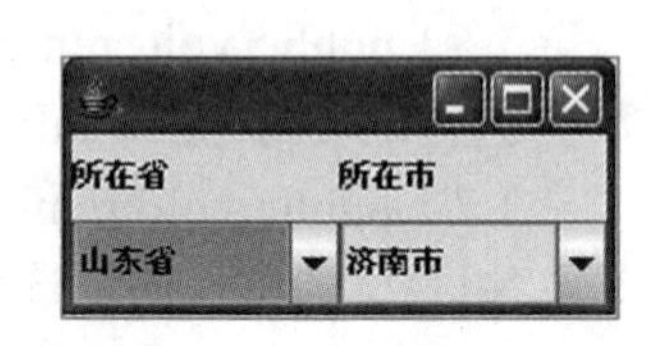

图 5－17　程序运行结果

4. 列表框（JList）

列表框的作用和组合框的作用基本相同，但它允许用户同时选择多项。列表框与组合框的方法大致相同，但须注意以下方法的使用：

（1）public Object getSelectedValue()：返回所选的第一个值，如果选择为空，则返回 null。

（2）public Object[] getSelectedValues()：返回所选单元的一组值。返回值以递增的索引顺序存储。

（3）public int[ ] getSelectedIndexes()：获取选项框中选中的多项位置索引编号。返回值是整型数组。

列表框列表项较多时，JList 不会自动滚动。给列表框加滚动条的方法与文本区相同，只需创建一个滚动窗格并将列表框加入其中即可。

例 5.14 列表框应用。

```
import java.awt.*;
import java.awt.event.*;
import javax.swing.*;
class ListExam  extends JFrame implements ActionListener{
  JList jList1;
  JTextArea jTextArea;
  JButton jButton1;
  JPanel jPanel;
  public ListExam()    {
String str[]={" 数据库 "," 计算机基础 "," 网络基础 "," 软件工程 "," 程序设计 "};
  jList1=new JList(str);
    jTextArea=new JTextArea();
    jButton1=new JButton(" 选择课程 ");
    jButton1.addActionListener(this);
    jPanel=new JPanel();
    jPanel.setLayout(new GridLayout(3, 1));
    jPanel.add(new JLabel());
    jPanel.add(jButton1);
    jPanel.add(new JLabel());
    setLayout(new GridLayout(1, 3, 20, 20));
    add(jList1);
    add(jPanel);
    add(jTextArea);
    setSize(400, 250);
    setVisible(true);
    setDefaultCloseOperation(JFrame.EXIT_ON_CLOSE);
  }
  public static void main(String args[ ]) {
    new ListExam();
  }
  public void actionPerformed(ActionEvent e) {

  Object s[]=jList1.getSelectedValues();   // 获取全部的选中列表项
  String s2=" 你选择的课程有：\n";
  for (int i=0; i<s.length; i++)
  s2=s2+s[i]+"\n";
  jTextArea.setText(s2);
  }
}
```

程序运行时，可从左侧的列表框中进行多项选择，选择的列表项将在右侧的文本区中显示，如图 5 - 18 所示。

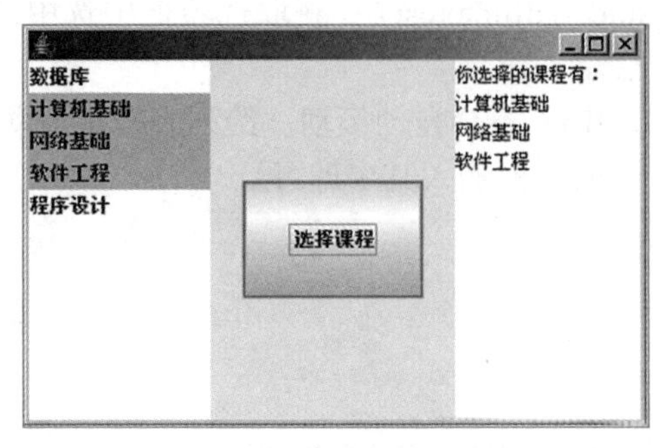

图 5 - 18　程序运行结果

任务 5.3　学生信息管理系统菜单设计

任务情境

当一个系统功能较多时，一般都会有菜单供用户选择执行哪个功能。我们所使用的 Windows 图形界面应用程序，大多数都有菜单。在学生信息管理系统中，一般有信息录入、信息查询、信息修改、信息插入、删除等功能，因此程序也应有菜单功能。下面设计具有上述功能的菜单，如图 5 - 19 所示。

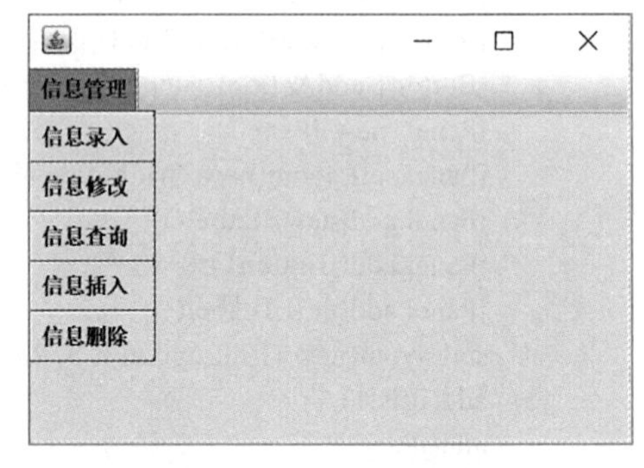

图 5 - 19　信息管理菜单

任务实现

```
import javax.swing.*;
import java.awt.event.*;
classStMenuDemoextends JFrame implements ActionListener{
  JMenuBar menubar;                                        // 定义菜单条
  JMenu menu;                                              // 定义菜单
  JMenuItem luru, xiugai, chaxun, charu, shanchu;          // 定义菜单项
  StMenuDemo(){
      menubar=new JMenuBar();
      menu=new JMenu(" 信息管理 ");
      luru=new JMenuItem(" 信息录入 ");
      xiugai=new JMenuItem(" 信息修改 ");
      chaxun=new JMenuItem(" 信息查询 ");
      charu=new JMenuItem(" 信息插入 ");
```

```
        shanchu=new JMenuItem(" 信息删除 ");
        menu.add(luru);
        menu.addSeparator();
        menu.add(xiugai);
        menu.addSeparator();
        menu.add(chaxun);
        menu.addSeparator();
        menu.add(charu);
        menu.addSeparator();
        menu.add(shanchu);
        menubar.add(menu);
        luru.addActionListener(this);
        xiugai.addActionListener(this);
        chaxun.addActionListener(this);
        charu.addActionListener(this);
        shanchu.addActionListener(this);
        setJMenuBar(menubar);                    // 将菜单条加入到窗口菜单中
        setSize(350, 240);
        setVisible(true);
        setDefaultCloseOperation(JFrame.EXIT_ON_CLOSE);
    }
publicstaticvoid main(String args[]) {
    StMenuDemo  win=new StMenuDemo();
    }
publicvoid actionPerformed(ActionEvent e) {
    if(e.getSource()==luru) {
       // 信息录入功能实现代码
    }
    if(e.getSource()==xiugai) {
       // 信息修改功能实现代码
    }
    if(e.getSource()==chaxun) {
       // 信息查询功能实现代码
    }
    if(e.getSource()==charu) {
// 信息查询功能实现代码
}
    if(e.getSource()==shanchu) {
    // 信息查询功能实现代码
}
    }
}
```

任务分析

通过上述任务代码分析，制作菜单分别用到菜单项、菜单、菜单条，对应的类分别为 JMenuItem、JMenu、JMenuBar，菜单项放置于菜单中，一个菜单可放多个菜单项，即菜单选项，菜单中放置的菜单为二级菜单，菜单放置于菜单条中则为主菜单。菜单事件处理机制与按钮相同。

相关知识

5.3.1 菜单

Java 提供了几个实现菜单的类：JMenuBar，JMenu，JMenuItem。一个 JFrame 或 JApplet 可以拥有一个 JMenuBar，用来存放菜单，JMenuBar 可以看作是存放菜单的上层组件。菜单由用户可选择（或开关）的菜单项组成。菜单项是 JMenuItem、JCheckBoxMenuItem 或 JRadioButtonMenuItem 的实例。

在 Java 中实现菜单的步骤如下：

（1）创建一个菜单条（JMenuBar），并建立它与框架的关联。

（2）创建菜单（JMenu）。

（3）创建菜单项（JMenuItem、JCheckBoxMenuItem 或 JRadioButtonMenuItem），并将它们添加到菜单中。

1. 创建菜单条（JMenuBar）

JMenubar 是负责创建菜单条的，即 JMenubar 的一个实例就是一个菜单条。JFrame 类有一个将菜单条放置到窗口中的方法：

```
public void setJMenuBar(JMenuBar menubar);
```

下列代码创建一个框架和一个菜单栏，并在框架中设置菜单栏：

```
JFrame f = new JFrame();
JMenuBar jmb = new JMenuBar();
f.setJMenuBar(jmb);    // 将菜单栏加入框架中
```

2. 创建菜单（JMenu）

创建菜单并将菜单添加到菜单栏当中。JMenu 常用的方法如下：

（1）JMenu(String s)：建立一个指定标题菜单，标题由参数 s 确定。

（2）public void add(MenuItem item)：向菜单增加由参数 item 指定的菜单选项对象。

（3）public void add(String s)：向菜单增加指定的选项。

（4）public void addSeparator()：在菜单中添加一条分隔线。

下述代码创建了两个菜单：File 和 Help, 并将其添加到菜单栏 jmb 中：

```
JMenu fileMenu = new JMenu("File", false);
JMenu helpMenu = new JMenu("Help", true);
jmb.add(fileMenu);
jmb.add(helpMenu);
```

3. 创建菜单项（JMenuItem）

JMenuItem 类是负责创建菜单项的，即 JMenuItem 的一个实例就是一个菜单项。菜单项将被放在菜单里。JMenuItem 类的主要方法有以下几种：

（1）JMenuItem(String s)：构造有标题的菜单项。

（2）JMenuItem(String text, Icon icon)：构造有标题和图标的菜单项。

（3）public void setEnabled(boolean b)：设置当前菜单项是否可被选择。

（4）public void setAccelerator(KeyStroke keyStroke)：为菜单项设置快捷键。

为了向该方法的参数传递一个 KeyStroke 对象，可以使用 KeyStroke 类的类方法：

public static KeyStroke getKeyStroke(char keyChar)：返回一个 KeyStroke 对象。

也可以使用 KeyStroke 类的类方法：

public static KeyStroke getKeyStroke(int keyCode, int modifiers)：返回一个 KeyStroke 对象，其中参数 keyCode 取值范围为 KeyEvent.VK_A~ KeyEvent.VK_Z。modifiers 取值为 InputEvent.ALT_MASK，InputEvent .CTRL_MASK 和 InputEvent .SHIFT_MASK。

下述代码将菜单项 new，open，分隔线，print，另一条分隔线和 exit 添加到 File 菜单中。

```
fileMenu.add(new JMenuItem("new"));
fileMenu.add(new JMenuItem("open"));
fileMenu.addSeparator();
fileMenu.add(new JMenuItem("print"));
fileMenu.addSeparator();
fileMenu.add(new JMenuItem("exit"));
```

菜单项产生 ActionEvent 事件，因此我们可以像处理按钮事件一样处理菜单项事件。

5.3.2 工具条（JToolBar）

JToolBar 类对象即为工具条，在使用时一般把工具条加入到框架的上方（北区），然后再向工具条加入带图标的命令按钮即可。

常用方法：

（1）public JToolBar()：创建新的工具栏。

（2）public void add(Component c)：向工具条加入组件。组件一般是带图标的按钮。

例 5.15 菜单与工具条设计。

```
import javax.swing.*;
import java.awt.event.*;
class MenuDemo extends JFrame implements ActionListener{
  JMenuBar menubar;
  JToolBar toolbar;
  JMenu menu;
  JMenuItem item1, item2;
  JLabel jLabel1;
  JButton jButton1, jButton2;
  MenuDemo()
  {
    super(" 一个简单的窗口 ");
    setSize(220, 200);
    setLocation(120, 120);
    setVisible(true);
    menubar=new JMenuBar();
    toolbar=new JToolBar();
    menu=new JMenu(" 文件 ");
    item1=new JMenuItem(" 打开 " , new ImageIcon("open.gif"));
```

```
        item2=new JMenuItem(" 保存 " , new ImageIcon("save.gif"));
        item1.setAccelerator(KeyStroke.getKeyStroke('O'));
        item2.setAccelerator(KeyStroke.getKeyStroke('S');
        menu.add(item1);
        menu.addSeparator();
        menu.add(item2);
        menubar.add(menu);
        jButton1=new JButton(new ImageIcon("open.gif"));
        jButton2=new JButton(new ImageIcon("save.gif"));
        toolbar.add(jButton1);
        toolbar.add(jButton2);
        add(toolbar,"North");
        item1.addActionListener(this);
        item2.addActionListener(this);
        jButton1.addActionListener(this);
        jButton2.addActionListener(this);
        setJMenuBar(menubar);
        jLabel1=new JLabel();
        add(jLabel1,"South");
        validate();
        setDefaultCloseOperation(JFrame.EXIT_ON_CLOSE);
    }
    public static void main(String args[]) {
    MenuDemo  win=new MenuDemo();
    }
    public void actionPerformed(ActionEvent e) {
    if(e.getSource()==item1)
        jLabel1.setText(" 正在打开一个文件！ ");
            if(e.getSource()==item2)
        jLabel1.setText(" 正在保存一个文件 ");
    if(e.getSource()==jButton1)
        jLabel1.setText(" 正在打开一个文件！ ");
            if(e.getSource()==jButton2)
        jLabel1.setText(" 正在保存一个文件 ");
    }
}
```

程序运行后的界面如图 5 - 20（a）所示。单击文件，则出现下拉菜单，如图 5 - 20（b）所示。当选中某个菜单项或单击工具栏中按钮时，则在窗口底部出现相应的提示。

（a）初始界面

（b）单击文件出现菜单

图 5 - 20　程序运行结果

任务 5.4　学生信息表格展示

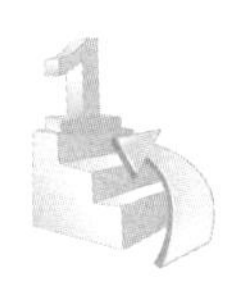

任务情境

在一个图形界面中显示学生信息时，因每个学生的描述信息都是相同的，可以用一行数据描述一个学生信息，有多少学生就占用多少行。在展示时，可用大家都熟悉的表格进行数据行的展示，这样更直观。另外，功能较完善的信息都有时间显示功能，用户可随时掌握系统时间。我们将设计如图 5－21 所示的信息及时间显示界面。

姓名	语文成绩	数学成绩	英语成绩
李林	75	92	73
王广	86	72	78
刘能	79	90	87
孙强	86	94	85

21:39:36

图 5－21　表格数据展示

任务实现

```
import javax.swing.*;
import java.awt.*;
import java.awt.event.*;
import java.util.Date;
class TableDemo extends JFrame implements ActionListener{
    JTable table;
    Object a[][]= {{" 李林 ", 75, 92, 73},{" 王广 ", 86, 72, 78},{" 刘能 ", 79, 90, 87},{" 孙强 ", 86, 94, 85}};
                                                  // 存储表格中显示的数据
Object name[]={" 姓名 "," 语文成绩 "," 数学成绩 "," 英语成绩 "};  // 存储表头信息
JLabel time;
  Timer timer;                                    // 声明定时器
    public TableDemo() {
        table=new JTable(a, name);                // 表格中存放表头与学生信息
        add(new JScrollPane(table));
        time=new JLabel();
        time.setHorizontalAlignment(JLabel.RIGHT);
        timer=new Timer(1000, this);              // 每 1000 毫秒执行一次事件处理程序
        add(time,"South");
        timer.start();                            // 定时器启动
        setSize(300, 200);
        setVisible(true);
        validate();
        setDefaultCloseOperation(JFrame.EXIT_ON_CLOSE);
  }
   public static void main(String[] args) {
      TableDemo p=new TableDemo();
   }
   public void actionPerformed(ActionEvent e) {
      Date t=new Date();                          // 获取系统日期时间
```

```
        time.setText(t.toString().substring(10, 20));    // 截取时间显示在标签中
    }
}
```

任务分析

通过上述任务代码分析，表格中要显示数据，数据一定是规则的、可用二维数组存储的，另外要有存储表头信息的一维数组，使用表格则用到 JTable 类。本任务中窗口最下侧的标签显示系统时间，每隔 1 秒刷新一次，利用了定义器 Timer 类。

相关知识

5.4.1 计时器（Timer）

计时器的基本用法如下：

public Timer(int a, Object b)：创建一个计时器，其中参数 a 指定产生 ActionEvent 事件的时间间隔，b 对象是监视器，要在 b 对象所属类中实现 ActionListener 接口中的 actionPerformed(ActionEvent e) 方法。

public void start()：该方法启动计时器。

public void stop()：该方法关闭计时器。

5.4.2 进度条（JProgressBar）

使用 JProgressBar 类创建进度条组件。该组件能用一种颜色动态地填充自己，以便显示某任务完成的百分比。进度条的常用方法如下：

（1）public JProgressBar(int min, int max)：创建一个指定最小进度与最大进度的进度条。

（2）public JProgressBar(int orient, int min, int max)：创建一个指定最小进度、最大进度的进度条并指定了进度条的放置位置，orient 取值为 JProgressBar.HORIZONTAL 时水平放置，orient 取值为 JProgressBar.VERTICAL 时垂直放置。

（3）pulic void set setValue(int n)：设定进度条的进度。

（4）public void setMinimum(int min)：设定进度条的最小进度。

（5）public void setMaximum(int max)：设定进度条的最大进度。

（6）public void setStringPainted(boolean b)：设置是否使用百分数或字符串来表示进度条的进度情况。

（7）public int getValue()：取得进度条的进度值。

例 5.16 计时器与进度条使用。

```
import javax.swing.*;
import java.awt.*;
```

```
import java.awt.event.*;
class Progress extends JFrame implements ActionListener{
  JProgressBar pb=new JProgressBar();
  int count=0;
  public Progress() {
    pb.setStringPainted(true);   // 显示百分比
    add(pb,"North");
    Timer timer=new Timer(200, this);
    timer.start();
    setSize(400, 140);
    setVisible(true);
    setDefaultCloseOperation(JFrame.EXIT_ON_CLOSE);
  }
  public static void main(String[] args) {
    Progress p=new Progress();
  }

  public void actionPerformed(ActionEvent e) {
    pb.setValue(count++);
  }
}
```

程序运行结果如图 5－22 所示。

5.4.3 滑杆（JSlider）

滑杆是一个让用户以图形方式在有界区间内通过移动滑块来选择值的组件。

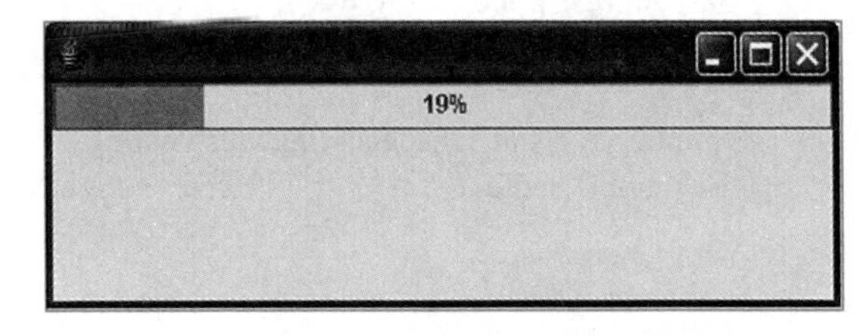

图 5－22 程序运行结果

1. 滑杆常用的方法

（1）public JSlider(int min, int max, int value)：用指定的最小值、最大值和值创建一个水平滑块。

（2）public void setOrientation(int orientation)：将滚动条的方向设置为 VERTICAL 或者 HORIZONTAL。

（3）public void setMajorTickSpacing(int n)：此方法设置主刻度标记的间隔。传入的数字表示在每个主刻度标记之间以值衡量的距离。如果有一个范围从 0 ～ 50 的滑块并且主刻度标记间隔为 10，则会发现主刻度标记在如下值旁边：0，10，20，30，40，50。

（4）setPaintLabels(boolean b)：设置滑杆主刻度值是否可见。

2. 滑杆的事件

滑杆移动时将产生 ChangeEvent 事件，为处理该事件，需要为滑杆注册事件监听器，注册的方法为：

```
addChangeListener(Object c)
```

为处理产生的事件，需要在程序中实现 ChangeListener 接口中的方法，方法如下：

```
public void stateChanged(ChangeEvent e)
```

例 5.17　滑杆的使用。

```
import javax.swing.*;
import java.awt.*;
import java.awt.event.*;
import javax.swing.event.*;
class Progress extends JFrame implements ChangeListener{
  JSlider sl;
  JLabel jLabel1;
    public Progress() {
    sl=new JSlider(0, 100, 0);
    sl.setMajorTickSpacing(10);
    sl.setPaintTicks(true);
    sl.setMinorTickSpacing(10);
    sl.setPaintLabels(true);
    add(sl,"South");
    sl.addChangeListener(this);
    jLabel1=new JLabel(" 滑杆当前值是：0");
    add(jLabel1);
    setSize(220, 100);
    setVisible(true);
    setDefaultCloseOperation(JFrame.EXIT_ON_CLOSE);
  }
  public static void main(String[] args) {
    Progress p=new Progress();
  }

  public void stateChanged(ChangeEvent e) {
    jLabel1.setText(" 滑杆当前值是："+sl.getValue());
  }
}
```

程序运行结果如图 5－23 所示。

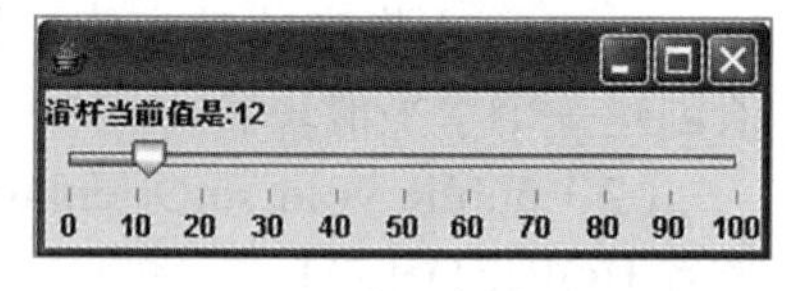

图 5－23　程序运行结果

5.4.4　表格（JTable）

表格以行和列的形式显示数据，并允许对表格中的数据进行编辑。可以 JTable 的下列构造方法 JTable (object[][]rowData, object[]columnName) 创建表格。表格的视图将以行和列的形式显示数组 data 每个单元中对象的字符串表示。参数 columnName 用来指定表格的列名。

用户在表格单元中输入的数据都被认为是一个 Object 对象，用户通过表格视图对表格中的数据进行编辑，以修改二维数组 data 中对应的数据。当表格需要刷新显示时，调用 repaint() 方法。

例 5.18　利用表格完成成绩的输入并计算总成绩。

```
import javax.swing.*;
import java.awt.*;
import java.awt.event.*;
class TableDemo extends JFrame implements ActionListener{
  JTable table;
```

```
    Object a[][];
    Object name[]={" 姓名 "," 英语成绩 "," 数学成绩 "," 总成绩 "};
    JButton button;
      public TableDemo() {
        a=new Object[8][4];
        for(int i=0; i<8; i++) {
    for(int j=0; j<4; j++){
          if(j!=0)
            a[i][j]="0";
          else
            a[i][j]=" 姓名 ";
    }
    }
      button=new JButton(" 计算每人总成绩 ");
      table=new JTable(a, name);
      button.addActionListener(this);
      add(new JScrollPane(table));
      add(button,"South");
      setSize(240, 200);
      setVisible(true);
      validate();
      setDefaultCloseOperation(JFrame.EXIT_ON_CLOSE);
    }
    public static void main(String[] args)
    {
      TableDemo p=new TableDemo();
    }
    public void actionPerformed(ActionEvent e) {
      for(int i=0; i<8; i++)    {
    double sum=0;
    for(int j=1; j<=2; j++){
        sum=sum+Double.parseDouble(a[i][j].toString());
    }
    a[i][3]=""+sum;
    table.repaint();
        }
      }
}
```

程序运行后，在相应的科目中输入科目成绩，单击“计算每人总成绩”后结果如图 5－24 所示。

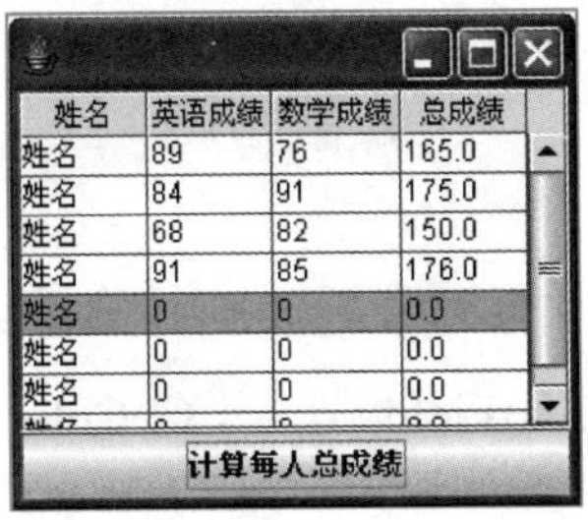

图 5－24　程序的运行结果

项目实训——编写具有输出功能的程序

一、实训主题

学生信息存储后，我们经常会查询某个学生的相关信息，查询的方式一般是按姓名查或按学号查。这里提供一个图形界面，界面中供用户选择查询方式并输入查询内容。输入查询内容并确定后，应出现另一个窗口，窗口中有查到的相关信息或查不到的提示。由于查询可能是反复的过程，因此，在出现查询信息的界面应能控制返回到原查询窗口的功能，如图 5-25 所示。

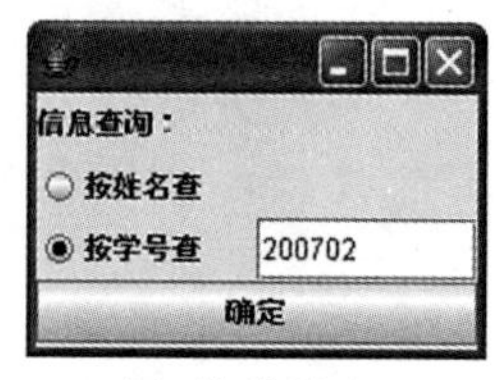

(a) 按学号查

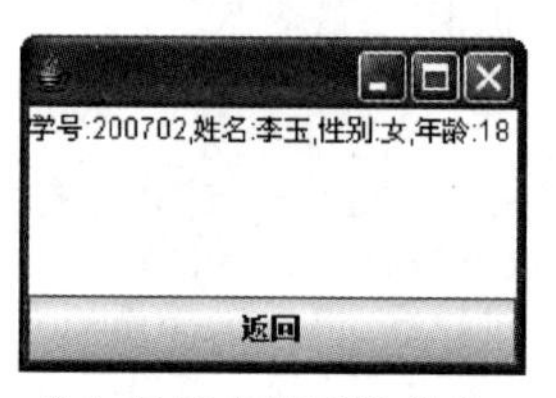

(b) 显示查找到的信息

图 5-25　查询基本界面

二、实训分析

这里涉及数据查询，因此需要事先有一些数据，我们可利用数组存储类似“学号：200701，姓名：张强，性别：男，年龄 19\n”这样的一行行数据，在进行查找时可利用 String 类的 indexOf() 方法进行字符串查找，找到后则把整行数据显示在第二对话框的显示区。

三、实训步骤

【步骤 1】设计图 5-25 (a) 所示的基本界面；

【步骤 2】设计图 5-25 (b) 所示的基本界面；

【步骤 3】设计图 5-25 (a) 所示的事件处理程序；

【步骤 4】单击图 5-25 (a) 所示的“确定”时，能显示图 5-25 (b) 所示界面，并把查询的内容送到图 5-25 (b) 中，同时隐藏图 5-25 (a)。

【步骤 5】在图 5-25 (b) 所属类中事先定义字符串数组，每个元素是一个学生的相关记录，类的构造方法接收图 5-25 (a) 界面送来的查询字符串，并进行查找，若找到相关记录，则显示在显示区，若找不到，则输出“无此记录！”提示。

【步骤 6】设计图 5-25 (b) 所示的事件处理程序，完成单击“返回”时隐藏如图 5-25 (b) 所示界面，或者显示如图 5-25 (a) 所示界面。

技能检测

一、选择题

1. 下面属于容器类的是（　　）。

　A. JFrame　　B. JTextField　　C. Color　　D. JMenu

2. FlowLayout 的布局策略是（　　）。

　A. 按添加的顺序由左至右将组件排列在容器中

B. 按设定的行数和列数以网格的形式排列组件
C. 将窗口划分成五部分，在这五个区域中添加组件
D. 组件相互叠加排列在容器中

3. BorderLayout 的布局策略是（　　）。
A. 按添加的顺序由左至右将组件排列在容器中
B. 按设定的行数和列数以网格的形式排列组件
C. 将窗口划分成五部分，在这五个区域中添加组件
D. 组件相互叠加排列在容器中

4. GridLayout 的布局策略是（　　）。
A. 按添加的顺序由左至右将组件排列在容器中
B. 按设定的行数和列数以网格的形式排列组件
C. 将窗口划分成五部分，在这五个区域中添加组件
D. 组件相互叠加排列在容器中

5. JFrame 中内容窗格缺省的布局管理器是（　　）。
A. FlowLayout　　B. BorderLayout　　C. GridLayout　　D. CardLayout

6. 监听事件和处理事件（　　）。
A. 都由 Listener 完成
B. 都由相应事件 Listener 处注册的构件完成
C. 由 Listener 和构件分别完成
D. 由 Listener 和窗口分别完成

7. 在下列事件处理机制中不是机制中的角色的是（　　）。
A. 事件　　B. 事件源　　C. 事件接口　　D. 事件处理者

8. addActionListener(this) 方法中的 this 参数表示的意思是（　　）。
A. 当有事件发生时，应该使用 this 监听器
B. this 对象类会处理此事件
C. this 事件优先于其他事件
D. 只是一种形式

9. 下列关于 Component 的方法中，错误的是（　　）。
A. getName() 用于获得组件的名字　　B. getSize() 用于获得组件的大小
C. setColor() 用于设置前景颜色　　D. setVisible() 设置组件是否可见

10. 当窗口关闭时，会触发的事件是（　　）。
A. ContainerEvent　　B. ItemEvent　　C. WindowEvent　　D. MouseEvent

二、填空题

1. AWT 的用户界面组件库被更稳定、通用、灵活的库取代，该库称为________。

2. ________用于安排容器上的 GUI 组件。

3. 设置容器布局管理器的方法是________。

4. 当释放鼠标按键时，将产生________事件。

5. Java 为那些声明了多个方法的 Listener 接口提供了一个对应的________，在该类中实现了对应接口的所有方法。

6. ActionEvent 事件的监听接口是________，注册方法名是________，事件处理方法

名是________。

7. 图形用户界面通过________响应用户和程序的交互，产生事件的组件称为________。

8. Java 的 Swing 包中定义菜单的类是________。

三、编程题

1. 设计如图 5－26 所示的图形用户界面（不要求实现功能）。

2. 编写一个将华氏温度转换为摄氏温度的程序。其中一个文本框输入华氏温度，另一个文本框显示转换后的摄氏温度，一个按钮完成温度的转换。使用下面的公式进行温度转换：摄氏温度 = 5/9×（华氏温度 −32）。

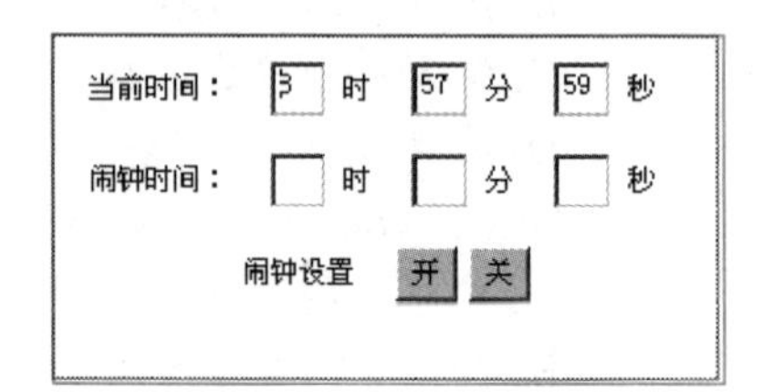

图 5－26 界面样式

3. 设计一个界面如图 5－27 所示。当单击“确认”按钮后，使“开始考试”按钮可用，并使“学号”“姓名”后的文本框及“确认”按钮不可用。单击“开始考试”按钮后，使“下一题”按钮可用，同时设置“开始考试”按钮不可用。

图 5－27 图形界面

项目 6

成绩的图形化表示

项目导读

在成绩管理系统中，有时需要对成绩统计结果进行图形化显示，如采用折线图或饼状图分别表示成绩的分布情况，同时，可通过设置图形属性使图形表达更加明确。本项目分解为 2 个任务：成绩的折线图实现，绘图时颜色的设置实现。

学习目标

1. 熟悉图形用户界面的使用。
2. 熟悉 Font 类的用法。
3. 熟悉 Color 类的用法。
4. 掌握 Graphics 类的常用方法，能根据需要绘制图形。
5. 能够灵活地创建用户自定义界面，并添加图形和文本。

任务 6.1 成绩的折线图实现

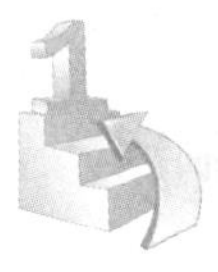

任务情境

在成绩管理系统中，已有多名学生某门课程的成绩，为从直观上看出学生成绩的分布情况，可用折线图表示出该课程学生成绩。

任务实现

```
importjava.awt.*;
class ScoreGra1 extends Frame{
   int x[]=new int[5];                        //数组 x 用于存放坐标系中点的横坐标
```

```
    int y[]={50, 100, 80, 95, 60};              // 数组 y 中元素值为学生的成绩
    public ScoreGra1()  {
      setSize(220, 220);
      setVisible(true);
      for(int i=0; i<5; i++)
        x[i]=50+(i+1)*20;                       // 计算每个学生对应的横坐标
      for(int i=0; i<5; i++)
        y[i]+=50;                               // 计算每个学生对应的纵坐标
    }
    public void paint(Graphics g){
      for(int i=50; i<200; i+=20)               // 绘制坐标系中垂直方向的直线
        g.drawLine(i, 50, i, 200);
      for(int i=50; i<=200; i+=20)              // 绘制坐标系中水平方向的直线
        g.drawLine(50, i, 200, i);
      g.drawPolyline(x, y, 5);                  // 以 x、y 数组中元素值为坐标，绘制折线
      for(int i=0; i<6; i++)
        g.drawString(""+i, 50+i*20, 45);
      for(int i=1; i<=5; i++)
        g.drawString(""+i*20, 30, 55+i*20);
    }
    public static void main (String[] args) {
      new ScoreGra1();
    }
}
```

程序运行结果的折线图如图 6-1 所示。

任务分析

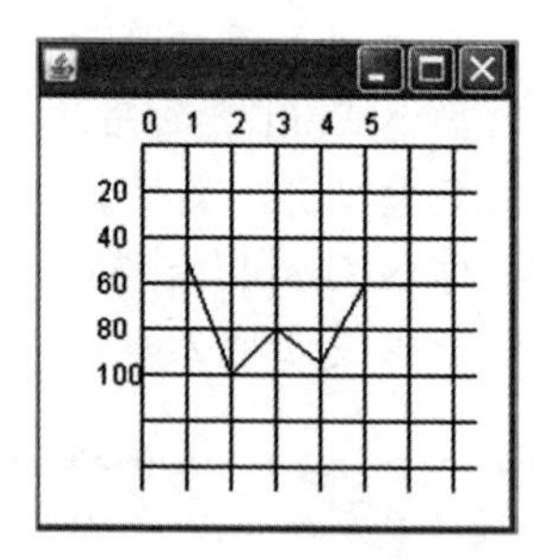

图 6-1　运行结果

Java 程序中要实现图形的绘制，首先需要确定绘制图形的形状和在坐标系中的位置，形状的实现可以通过调用绘图类 Graphics 的绘图方法实现，位置的表示通过绘图坐标体系来实现。该任务中定义了两个数组来表示各个学生在坐标系中的位置，通过 Graphics 类的方法 drawLine()、drawPolyline()、drawString() 等实现图形的绘制。

相关知识

6.1.1　基本绘图功能

1. 绘图坐标系

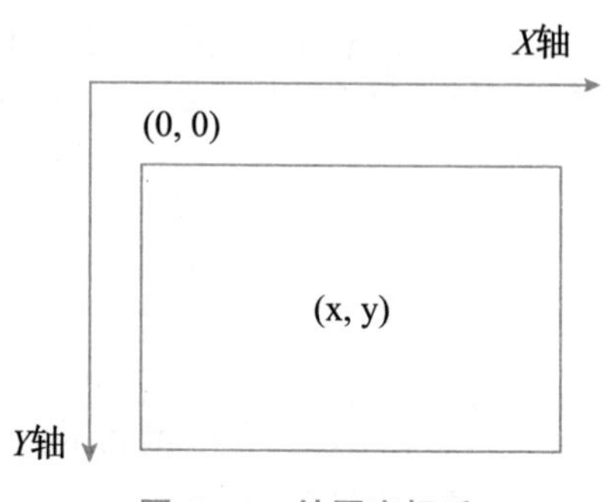

图 6-2　绘图坐标系

在组件上绘图时的坐标系为：水平方向为 X 轴，垂直方向为 Y 轴，左上角起始点坐标是（0, 0），区域内任何一点的坐标用（x, y）表示，如图 6-2 所示。

2. 绘图类 Graphics 的常用方法

绘图类 Graphics 是一种特殊的抽象类，无须通过 new 实例化，即可直接使用。Graphics 类中定义了很多绘图方法，通过调用这些方法，可以实现绘制各种各样的图形。

（1）绘直线。

```
drawLine(int x1, int y1, int x2, int y2)
```

画一条从坐标（x1, y1）到（x2, y2）的直线。

如画一条从坐标原点（0, 0）到点（80, 80）的直线，可以采用下面的方式实现：

```
public void paint(Graphics g){
   g.drawLine(0, 0, 80, 80);
}
```

（2）画矩形。

```
drawRect(int x1, int y1, int x2, int y2)
```

画一个左上角坐标为（x1, y1）、宽为 x2、高为 y2 的矩形。

```
fillRect(int x1, int y1, int x2, int y2)
```

画一个左上角坐标为（x1, y1）、宽为 x2、高为 y2 的矩形，且矩形内以前景色填充。

```
drawRoundRect(int x1, int y1, int x2, int y2，int x3, int y3)
```

画一个左上角坐标为（x1, y1）、宽为 x2、高为 y2 的圆角矩形，x3、y3 代表了圆角的宽度和高度。

注意：绘制矩形的方法中仅表示出了矩形左上角顶点的坐标，其他参数表明了矩形的长和高的情况。

例 6.1 画直线、矩形。

```
importjava.awt.*;
importjavax.swing.*;
classMyFrame extends JFrame{
  public void paint(Graphics g){
        g.clearRect(0, 0, 360, 120);   //清空绘图区
      g.drawLine(30, 40, 80, 90);
g.drawRect(100, 40, 50, 50);
g.fillRect(170, 40, 50, 50);
      g.drawRoundRect(240, 40, 50, 50, 5, 5);
    }
publicMyFrame() {
  super(" 直线和矩形的绘制 ");
  setSize(360, 120);
  setVisible(true);
    }
public static void main(String args[]) {
      newMyFrame();
    }
}
```

程序运行结果如图 6－3 所示。

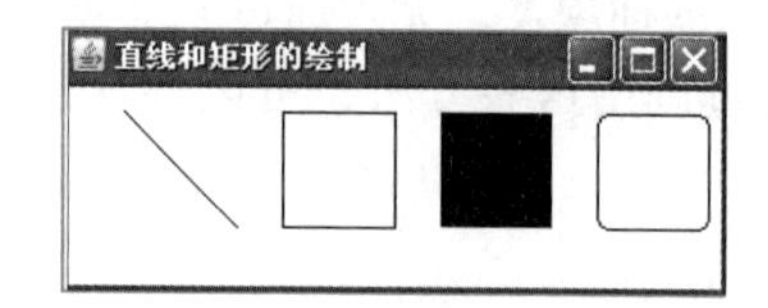

图 6－3　程序运行结果

（3）画椭圆。

drawOval(int x1, int y1, int x2, int y2)

画一个左上角坐标为（x1, y1）、宽为 x2、高为 y2 的矩形中的内切圆，当宽与高的值不相同时画出的是椭圆，相同时画出的是正圆。

fillOval(int x1, int y1, int x2, int y2)

画一个左上角坐标为（x1, y1）、宽为 x2、高为 y2 的矩形中的圆，且圆内以前景色填充。

说明：椭圆的绘制是以矩形的绘制为基础的，方法中参数的意义和绘制矩形方法中参数的意义相同。

（4）画弧。

drawArc(int x1, int y1, int x2, int y2, int x3, int y3)

该方法画出的弧是椭圆的一部分，前四个参数含义与画椭圆相同，后两个参数中 x3 确定了圆弧的起始角（以度为单位），y3 确定了圆弧的大小，取正（负）值为沿逆（顺）时针方向画出圆弧。

fillArc(int x1, int y1, int x2, int y2, int x3, int y3)

该方法画出的是以前景色填充的弧，即一个扇形。

例 6.2　画椭圆、弧。

```
importjava.awt.*;
importjavax.swing.*;
classMyFrame extends JFrame{
   public void paint(Graphics g){
         g.clearRect(0, 0, 300, 120);
         g.drawOval(30, 40, 40, 70);
g.fillOval(120, 40, 50, 50);
g.drawArc(170, 40, 50, 50, 0, 60);
g.fillArc(240, 40, 50, 50, 0, -60);
   }
publicMyFrame() {
   super(" 椭圆和弧的绘制 ");
   setSize(300, 120);
   setVisible(true);
   }
public static void main(String args[]) {
```

```
    newMyFrame();
  }
}
```

程序运行结果如图 6 - 4 所示。

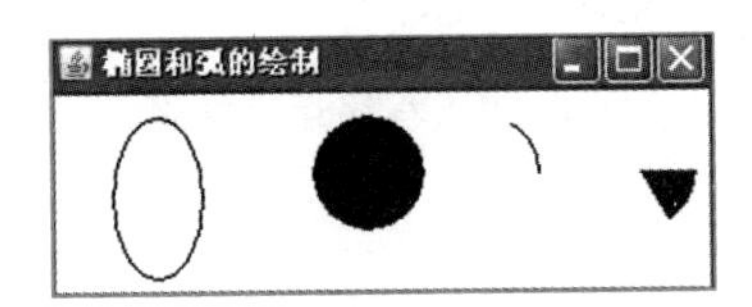

图 6 - 4 程序运行结果

（5）画多边形和折线。

```
drawPolyline(int[]x, int[]y, intn)
```

绘制由 x 和 y 坐标数组定义的一系列连接线。每对（x, y）坐标定义了一个点，如果第一个点和最后一个点不同，则图形不是闭合的。*n* 代表点的总数。

```
drawPolygon(int[] x, int[] y, int n)
```

绘制一个由 x 和 y 坐标数组定义的闭合多边形。每对（x, y）坐标定义了一个点，如果最后一个点和第一个点不同，则图形会通过在这两点间绘制一条线段来自动闭合。*n* 表示边的总数。

例 6.3 画折线与多边形。

```
importjava.awt.*;
importjavax.swing.*;
classMyFrame extends JFrame{
  public void paint(Graphics g){
    g.clearRect(0, 0, 350, 120);
    int x[]={40, 80, 120, 60, 30};        // 确定折线中各顶点的坐标
int y[]={30, 50, 90, 110, 70};
g.drawPolyline(x, y, 5);
int x2[]={140, 180, 220, 160, 130};
int y2[]={30, 50, 90, 110, 70};
g.drawPolygon(x2, y2, 5);
int x3[]={240, 300, 280};
int y3[]={30, 50, 90};
g.fillPolygon(x3, y3, 3);
  }
publicMyFrame() {
  super(" 折线与多边形的绘制 ");
  setSize(350, 120);
  setVisible(true);
  }
public static void main(String args[]) {
  newMyFrame();
  }
}
```

程序运行结果如图 6－5 所示。

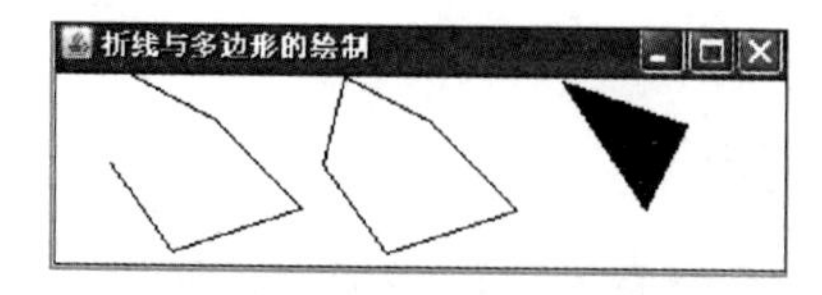

图 6－5　程序运行结果

（6）输出字符或字符串。

```
drawString(String s, intx, int y)
```

把字符串 s 输出到从（x, y）开始的位置。

```
drawChars(char []c, intoffset, intnumber, intx, int y)
```

把字符数组 c 中从 offset 开始的 number 个字符输出到从（x, y）开始的位置。

```
drawBytes(byte []b, intoffset, intnumber, intx, int y)
```

把字节数组 b 中从 offset 开始的 number 个数据输出到从（x, y）开始的位置。在输出字符时，得到的是 ASCII 码与数组元素值相等的字符序列，而不是整型数值。

例如：

```
byte b[]={65, 66, 67};
drawBytes(b, 0, 3, 50, 50);
```

则在指定位置输出字符串 "ABC"。

6.1.2　输出字符串时字体控制

Java 中的 Font 类对象用来表示一种字体显示效果，包括字体类型、字型和字号，使用它可以获得更加丰富多彩和逼真的字体，使得文字与图形用户界面和谐、一致，更加美观。

1. Font 类的方法

（1）构造方法。

```
protected Font(Font font);
```

功能：根据指定的 font 创建一个新的 Font 类对象。

```
public Font(String name, int style, int size);
```

功能：创建具有指定名称、样式和字号大小的 Font 类对象。

其中 name 表示字体的名称，如宋体、黑体等；style 表示样式，可以是 Font.PLAIN、Font.BOLD 或 Font.ITALIC，分别表示普通体、加粗、倾斜；size 表示字体的点数，即以磅为单位的字体大小。

Java 中对字体的控制主要是通过 Font 类实现的，在改变字体之前，首先要创建一个 Font 类对象，然后通过组件调用 setFont() 方法，用新建的 Font 类对象作为其参数，重新设置组件上显示文字的字体，使用户新定义的字体生效。

例 6.4　Font 类对象的定义和使用举例。

```
importjava.awt.*;
importjavax.swing.*;
public class fontDemo1 extends JFrame{
public void paint(Graphics g){
      g.clearRect(0, 0, 400, 200);
   g.drawString(" 默认字体的显示效果 ", 30, 60);
   Font f=new Font(" 黑体 ", Font.BOLD, 30);      // 定义一个 Font 类对象
   g.setFont(f);                                  // 设置后面显示文字的字体
   g.drawString(" 改变字体后显示效果 ", 30, 120);
   }
public fontDemo1() {
   super(" 字体设置演示 ");
      setSize(400, 200);
   setVisible(true);
   }
public static void main (String[] args) {
   new fontDemo1();
   }
}
```

本例中，通过定义 Font 类对象 f 对文本的字体重新进行定义，在框架类对象中输出设置前的文字和重新设置后的文字，两者之间的区别一目了然。

程序运行结果如图 6－6 所示。

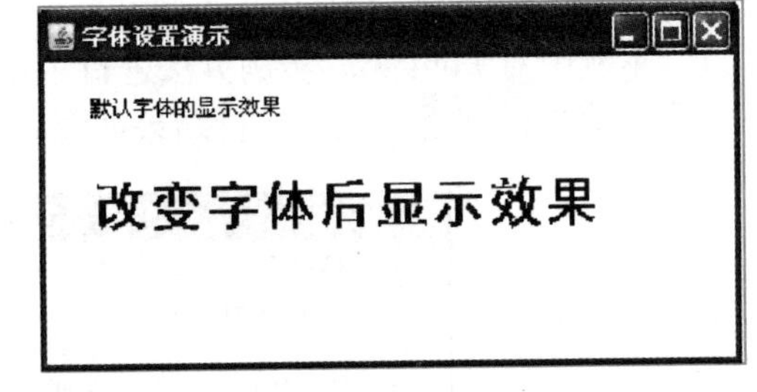

图 6－6　程序运行结果

（2）实例方法。

1）public String getName()

功能：返回字体的名称。

2）public intgetSize()

功能：返回字体的大小。

3）public intgetStyle()

功能：返回字体的风格。其中 0 代表 Font.PLAIN，1 代表 Font.BOLD，2 代表 Font.ITALIC，3 代表 Font.BOLD+Font.ITALIC（即加粗并倾斜）。

4）public booleanisBold()

功能：判断字型是否加粗。

5）public booleanisItalic()

功能：判断字型是否倾斜。

6）public booleanisPlain()

功能：判断字型是否普通体。

7）public String getFamily()

功能：返回此 Font 的系列名称。

例 6.5　字体应用举例。

```
importjava.awt.*;
```

```
importjavax.swing.*;
public class fontDemo extends JFrame{
public void paint(Graphics g){
    g.clearRect(0, 0, 650, 300);
  g.drawString(" 默认字体显示效果 " , 30, 50);
  Font f1=g.getFont();
    // 查看系统字体的各个属性值
    g.drawString (" 默认字体："+f1.getFamily()+"; 名称："+f1.getName()+"; 样
      式："+f1.getStyle()+"; 字号："+f1.getSize(), 30, 80);
  Font f2=new Font(" 宋体 " , Font.ITALIC, 30);
  g.setFont(f2);
  g.drawString(" 重设字体显示效果 " , 30, 140);
    g.drawString (" 重设字体："+f2.getFamily()+"; 名称："+f2.getName()+"; 样
      式："+f2.getStyle()+"; 字号："+f2.getSize(), 30, 200);
  }
publicfontDemo() {
  super(" 字体设置演示 ");
  setSize(650, 300);
  setVisible(true);
  }
public static void main (String[] args) {
  newfontDemo();
  }
}
```

本例中对 Font 类的实例方法进行了调用，完成文本的输出显示，同时对 Font 类对象的属性值进行查看。程序运行结果如图 6－7 所示。

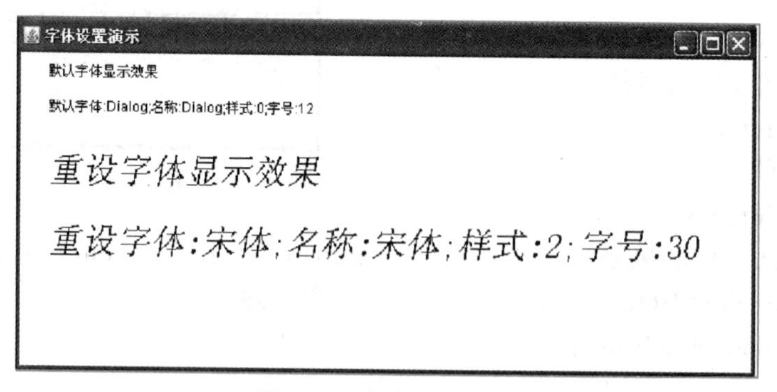

图 6－7　程序运行结果

2. 系统提供的字体

GraphicsEnvironment 类描述了 Java 应用程序在特定平台上可用的 GraphicsDevice 对象和 Font 对象的集合。该类中的方法 getLocalGraphicsEnvironment() 用于获取本地 GraphicsEnvironment。

例 6.6　查看本机可用字体。

```
import java.awt.*;
public class ListFonts {
  public static void main(String[] args) {
```

```
    // 获取当前的绘图环境
    GraphicsEnvironment nv
        =GraphicsEnvironment.getLocalGraphicsEnvironment();
// 获取当前绘图环境中所有字体系列名称，保存在数组 fontNames 中
    String[]fontNames=env.getAvailableFontFamilyNames();
    System.out.println(« 可用字体：»);
    for(int i=0; i<fontNames.length; i++)
  System.out.println(« «+fontNames[i]);
    }
}
```

运行程序后，在输出结果窗口显示本机可用的字体情况。程序的部分结果如图 6－8 所示。

图 6－8　本机可用字体

任务 6.2　绘图时颜色的设置实现

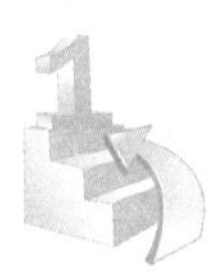

任务情境

在成绩管理系统中已有多名学生某门课程的成绩，用饼图表示出该课程各个分数段学生的分布比例，用不同颜色的扇形表示不同分数段人数占总人数的比例情况。

任务实现

```
  importjava.awt.*;
  importjavax.swing.*;
  class ScoreGra2 extends JFrame{
    final int N=5;              // N 表示要统计成绩的学生人数
    int x[]=new int[5];         // 数组 x 记录各分数段人数情况
    int y[]={50, 100, 80, 95, 60};// 数组 y 保存学生的成绩
    public ScoreGra2(){
      setSize(220, 220);
      setVisible(true);
      for(int i=0; i<5; i++)
        x[i]=0;
      for(int i=0; i<N; i++)
        switch(y[i]/10)   {
          case 10:
```

```
            case 9:x[0]++; break;
            case 8:x[1]++; break;
            case 7:x[2]++; break;
            case 6:x[3]++; break;
            default:x[4]++;
          }
        for(int i=0; i<5; i++)          // 统计各分数段所占圆周比例
          x[i]*=360/N;
      }
      public void paint(Graphics g){
        g.clearRect(0, 0, 220, 220);
        int s=0;
        for(int i=0; i<5; i++){
          switch(i)  {                  // 确定 x 数组中各元素对应的颜色
            case 0:g.setColor(Color.red); break;
            case 1:g.setColor(Color.green); break;
            case 2:g.setColor(Color.blue); break;
            case 3:g.setColor(Color.yellow); break;
            case 4:g.setColor(Color.black);
          }
          if(i==0){
            g.fillArc(50, 50, 100, 100, 0, x[i]);
          }
          else{
            s+=x[i-1];
            g.fillArc(50, 50, 100, 100, s, x[i]);
          }
        }
        g.setColor(Color.red);          // 显示分数段和颜色的对应关系
        g.fillRect(15, 160, 15, 15);
        g.drawString(": 优 ", 32, 170);
        g.setColor(Color.green);
        g.fillRect(50, 160, 15, 15);
        g.drawString(": 良 ", 67, 170);
        g.setColor(Color.blue);
        g.fillRect(85, 160, 15, 15);
        g.drawString(": 中 ", 102, 170);
        g.setColor(Color.yellow);
        g.fillRect(120, 160, 15, 15);
        g.drawString(": 及 ", 137, 170);
        g.setColor(Color.black);
        g.fillRect(155, 160, 15, 15);
        g.drawString(": 不及格 ", 172, 170);
      }
      public static void main (String[] args) {
        new ScoreGra2();
      }
    }
```

程序运行结果如图 6－9 所示。

任务分析

本程序中首先定义了两个数组，分别用于存储多名学生的成绩和各个分数段的学生人数，然后计算出各个分数段人数在整个饼图中所占的比例，并选取合适的颜色来绘制饼图中的扇形。本任务中用到了 Graphics 类和 Color 类完成图形的绘制和颜色的选取。

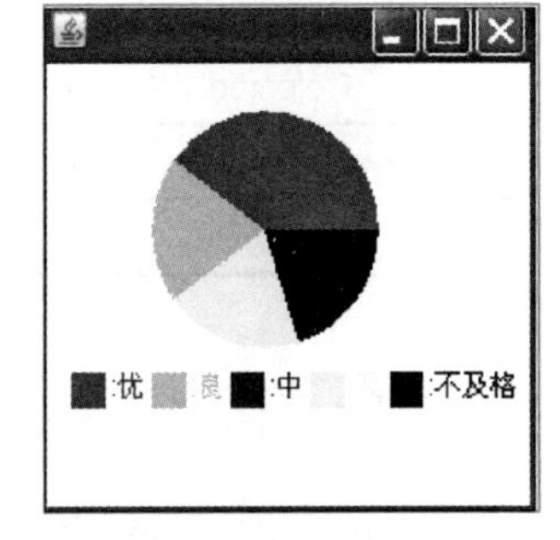

图 6－9　程序运行结果

相关知识

6.2.1　Color 类的使用

在 Java 中，可以通过 Color 类实现对颜色的控制。颜色的使用可以通过下面几种方式来实现。

1. Color 类构造方法

（1）Color（float red, floatgreen, float blue)，指定三原色的浮点值，每个参数值在 0.0 ～ 1.0 之间。

（2）Color(intred, intgreen, int blue)，指定三原色的整数值，每个参数值在 0 ～ 255 之间。

（3）Color(intrgb)，指定一个整数值代表三原色的混合值，16 ～ 23 位代表红色，8 ～ 15 位代表绿色，0 ～ 7 位代表蓝色。

2. 颜色常量

除了利用 Color 类来创建自己的颜色对象外，用户也可以直接使用 Color 类中定义好的颜色常量。Java 预定义了 13 种颜色，见表 6－1。

表 6－1　色彩与颜色值

颜色常量	色彩	RGB 值
Color.black	黑色	（0，0，0）
Color.blue	蓝色	（0，0，255）
Color.cyan	青色	（0，255，255）
Color.darkGray	深灰色	（64，64，64）
Color.gray	灰色	（128，128，128）
Color.green	绿色	（0，255，0）
Color.lightGray	浅灰色	（192，192，192）
Color.magenta	洋红色	（255，0，255）
Color.orange	橙色	（255，200，0）

续表

颜色常量	色彩	RGB 值
Color.pink	粉红色	(255，17，175)
Color.red	红色	(255，0，0)
Color.white	白色	(255，255，255)
Color.yellow	黄色	(255，255，0)

6.2.2 使用“选取颜色”对话框选取颜色

swing 包中的 JColorChooser 提供一个可供用户操作和选择颜色的控制器窗格。该类中的静态方法 showDialog() 用于调出颜色选择窗口。showDialog() 方法的声明原形如下：

```
public static Color showDialog(Component component, String title, ColorinitialColor)throws HeadlessException
```

对话框为模式显示的颜色选取器窗口。如果用户按下“确定”按钮，则隐藏 / 释放对话框并返回所选颜色。如果用户按下“撤销”按钮或者在没有按“确定”的情况下关闭对话框，则隐藏 / 释放对话框并返回 null。

参数说明：

（1）component：对话框的父 Component，即对话框显示时所依附的组件。

（2）title：显示在对话框标题栏中的 String。

（3）initialColor：显示颜色选取器时的初始 Color 设置。

（4）返回：所选颜色；如果用户退出，则返回 null。

在程序中执行如下语句：

```
Color c=JColorChooser.showDialog(null," 选择颜色 ", Color.black)
```

则显示出“选择颜色”对话框，如图 6－10 所示。

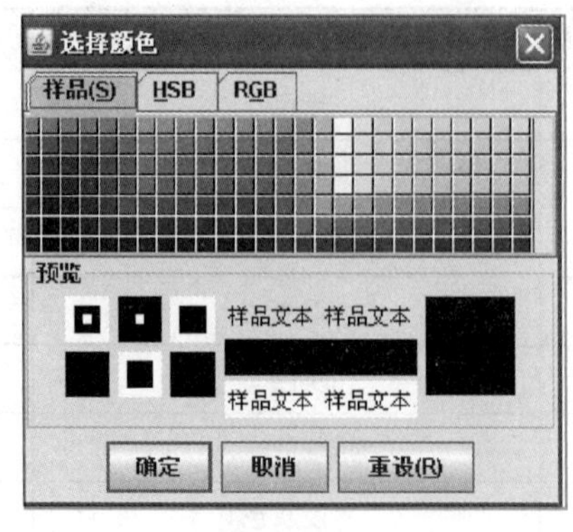

图 6－10 “选择颜色”对话框

当用户选取了某种颜色后，则把相应的颜色对象赋于 c。再通过 c 可控制输出图形的颜色。

例 6.7　控制输出图形或字符串的颜色。

```
importjava.awt.*;
importjavax.swing.*;
classMyFrame extends JFrame{
publicvoid paint(Graphics g) {
    g.clearRect(0, 0, 240, 170);
  g.setColor(Color.red);
g.drawRect(50, 50, 70, 70);
    // 调出 " 选择颜色 " 对话框，等待用户选择颜色
    Color c=JColorChooser.showDialog(null," 选择颜色 " , Color.black);
g.setColor(c);
g.fillRect(150, 50, 70, 70);
    String s="This is a String.";
g.setColor(Color.green);
g.drawString(s, 50, 150);
  }
publicMyFrame() {
  super(" 颜色演示 ");
  setSize(240, 170);
  setVisible(true);
  }
publicstaticvoid main(String args[]) {
  newMyFrame();
    }
}
```

程序运行时，先在窗体上绘一个红色空心矩形，同时弹出颜色选择对话框，用户从中选取一种颜色并确定后，马上按选定的颜色绘制并填充一个矩形，然后输出黄色字符串，效果如图 6－11 所示。

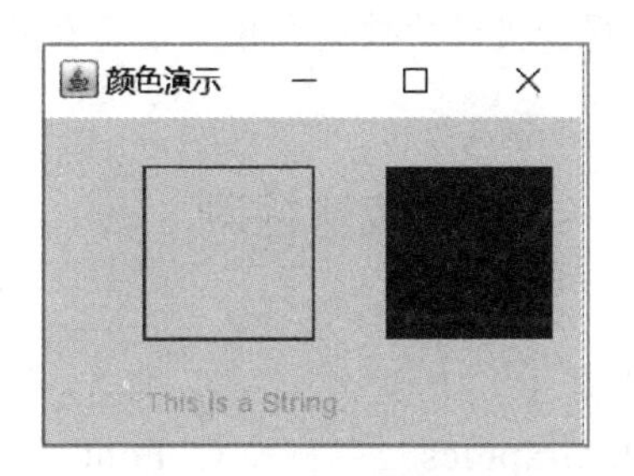

图 6－11　按不同颜色输出

项目实训——编写具有输出功能的程序

一、实训主题

本实训项目实现简单绘图工具的功能，具体实现的功能可在窗口中通过拖动的方式画直线、矩形、圆，可设置绘制图形时的颜色。实现的界面可参照图 6－12。

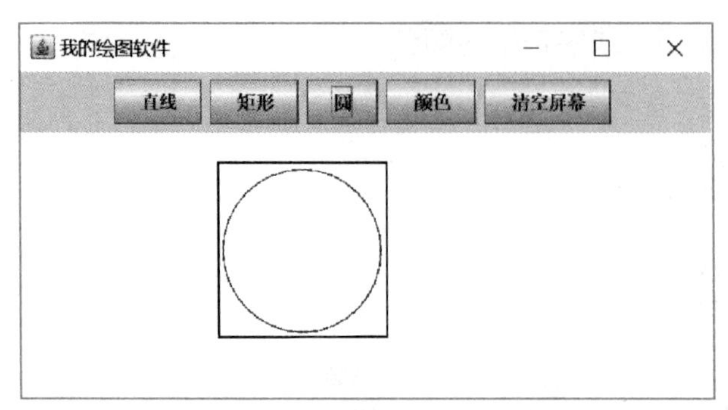

图 6－12　参照设计界面

二、实训分析

实训项目中无论绘制直线、矩形、圆，均是通过拖动的方式进行。作为直线，按下鼠标键时要记录指针的起始位置，释放鼠标按键时要记录终点位置，在起始位置和终点位置绘直线即可；若绘制矩形或圆，同样记住按下鼠标键时要记录指针的起始位置，释放鼠标按键时要记录终点位置，在起始位置和终点位置的相应矩形区域绘矩形或圆即可。本设计用到两种事件接口 ActionListener、MouseListener，应注意灵活使用 MouseListener 接口中的方法。

三、实训步骤

【步骤 1】按界面格式设计好窗体。

【步骤 2】给各按钮注册事件监听器。

【步骤 3】给窗体注册事件监听器。

【步骤 4】在按钮事件方法 actionPerformed() 中检测按下了哪个按键。

【步骤 5】在鼠标事件方法 mousePressed()、mousePressed() 中分别记下鼠标指针的起始位置和结束位置，并在 mousePressed() 中调用 repaint() 去绘制相应图形。

【步骤 6】在按钮事件方法中，如果按了颜色按键，可弹出颜色选择对话框，完成颜色的选择。

【步骤 7】在 paint() 方法中根据当时的按键及位置信息及颜色控制实现图形的绘制或清除。

技能检测

一、选择题

1. 以下具有绘图能力的类是（　　）。

A. Image　　B. Graphics　　C. Font　　D. Color

2. Graphics 类中提供的绘图方法分为两类：一类是绘制图形，另一类是绘制（　　）。

A. 屏幕　　B. 文本　　C. 颜色　　D. 图像

3. 下列方法中不属于 Graphics 类的显示文本的方法是（　　）。

A. drawBytes　　B. drawChars　　C. drawString　　D. drawLine

4. 下面的程序实现了在窗口中绘制一个以（70，70）为圆心，50 为半径，边框是绿色的圆，圆心是红色的。应填入的语句行是（　　）。

```
class exam extends Frame
{
```

```
public void paint(Graphics g)
    {
        g.setColor(Color.green);
        g.drawOval(20, 20, 100, 100);
        g.setColor(Color.red);
        ________________;
    }
}
```

A. drawRect(70, 70, 1, 1);　　B. g.drawRect(70, 70, 1, 1);

C. g.drawLine(70, 70, 1, 1);　　D. g.drawOval(70, 70, 70, 70);

5. 在窗体的坐标（50，50）处以红色显示“红色文字”，填入的正确语句是（　　）。

```
class exam extends Frame
{ public void paint(Graphics g)
  {
  ________________;
  g.drawString ("红色文字", 50, 50 );
  }
}
```

A. g.setColor(Color.Red);　　B. setColor(Color.red);

C. g.setColor(Color.red);　　D. setcolor(Color.red);

6. 下列方法中不能完成画直线的是（　　）。

A. drawPolyline　　B. drawRect　　C. drawLine　　D. drawChars

二、填空题

1. paint() 方法的参数是________类的实例。

2. drawRect(int x1, int y1, int x2, int y2) 中，x2 和 y2 分别代表矩形的________。

3. 如果在（60, 80）处画一个点，通过 drawOval 方法实现，则该方法中的参数应为________。

4. 如果画圆角矩形，drawRect 方法中的参数应为________个，其中后两个参数的作用是________。

5. 如果设定输出在某个组件上的文本的字体，用的方法是________，该方法中的参数应是________类的对象。

6. 以下程序输出的是________。

```
class exam extends Frame
{ public void paint(Graphics g)
  { g.setColor(Color.green);
    g.drawRect(20, 20, 1, 30);
  }
}
```

三、编程题

1. 编写程序，蓝色输出 26 个大写字母，随机彩色输出 26 个小写字母。

2. 定义显示字符数组的方法 drawChars()，将字符串中第 1、3、5…个字符显示在窗体中，要求显示字体为：宋体、斜体、30 点。

项目 7

学生信息的文件操作

项目导读

常用软件通常都具有文件打开、文件保存、文件另存为等功能，学生信息管理系统也不例外，也需要有读取文件信息、保存信息到文件、文件属性信息查看等功能。本项目分解为 2 个任务：学生信息文件读写，查看学生信息文件属性。

学习目标

1. 理解输入输出流的含义。
2. 掌握字节、字符输入输出流的用法。
3. 掌握二进制输入输出流的用法。
4. 掌握对象输入输出流的用法。
5. 掌握 File 的常用属性及用法。
6. 能通过文件选择对话框选择操作的文件。
7. 能编写一般的文件操作程序。

任务 7.1 学生信息文件读写

任务情境

现要存储学生信息，我们不是借助其他工具软件，而是利用自己编写的程序把信息写入磁盘文件中，再把磁盘文件信息读取，供我们使用。要求信息按字节读写。

任务实现

```
import java.io.*;
```

```
class InputStreamTest {
  public static void main(String[ ] args) throws Exception {
  FileOutputStream fout=new FileOutputStream("e:\\test\\test.txt");   //// 创建字节输出流对象
    FileInputStream fin=new FileInputStream("e:\\test\\test.txt");           // 创建字节输入流对象
String[]StInfo=
        {"zhangkai, 76, 85, 92","zhaoling, 88, 81, 77","sunxiao, 90, 89, 87"};
int i;
for(int j=0; j<StInfo.length; j++) {
  byte[]b=StInfo[j].getBytes();
    fout.write(b);                   // 将字节数据写入到输出流
  fout.write("\n".getBytes());
    }
fout.close();
while ((i=fin.read())!=-1) {      // 按字节读取文件信息
char c=(char)i;
System.out.print((char)(i));
    }
fin.close();
  }
}
```

程序运行结果：

```
zhangkai, 76, 85, 92
zhaoling, 88, 81, 77
sunxiao, 90, 89, 87
```

任务分析

从上面的程序可以看出，要进行文件信息的读写，就涉及输入输出流的概念、字节输入输出流的基本用法。

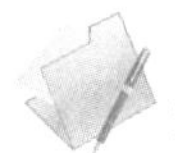

相关知识

7.1.1 输入输出流的概念

首先介绍一下什么是流。流是一个抽象的概念。程序中处理的任何信息都是数据，当 Java 程序需要对数据进行操作时，必须与数据源联系起来，或者从数据源读取数据，或者往数据源写入数据。数据源的范畴比较广泛，可以是文件、内存、外围设备或者网络等。无论是读数据还是写数据，都会开启一个到数据源的流。换句话说，要想对数据进行操作，必须首先建立流；而对数据的操作，也就是对流的操作。因此，Java 中引入流的概念，主要是为了更方便地处理数据的输入输出。

输入输出流类提供一条通道，可以把数据源中的数据送往目的地。这条通道的一端总是我们的程序，而另一端是多种多样的，例如可以是文件、键盘、内存、显示器、网络等。把数据从程序送往其他的目的地称为输出（write）；而把外部的数据读入程序则称为输入（read）。输入输出流示意如图 7－1 所示。

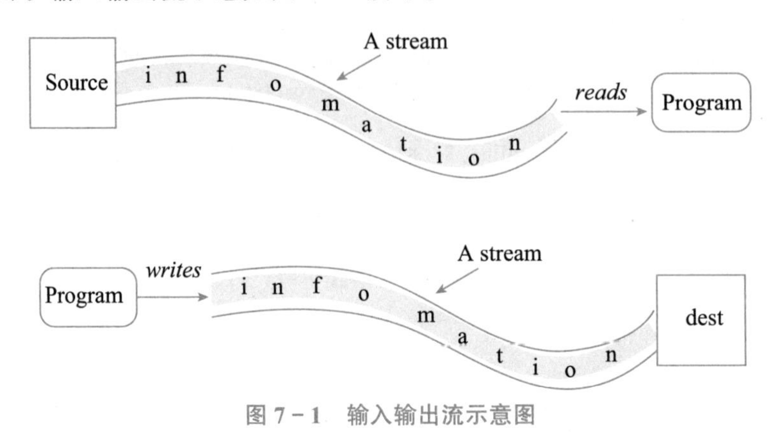

图 7－1　输入输出流示意图

7.1.2　字节输入输出流

抽象类 InputStream 和 OutputStream 是所有字节流的基类，二者都是抽象类，它们分别提供了输入和输出处理的基本接口，并且都分别实现了其中的某些方法。图 7－2 和图 7－3 分别描述了字节输入流和字节输出流的结构层次，从图中我们也可以看出，InputStream 是所有字节输入流的父类，而 OutputStream 是所有字节输出流的父类。

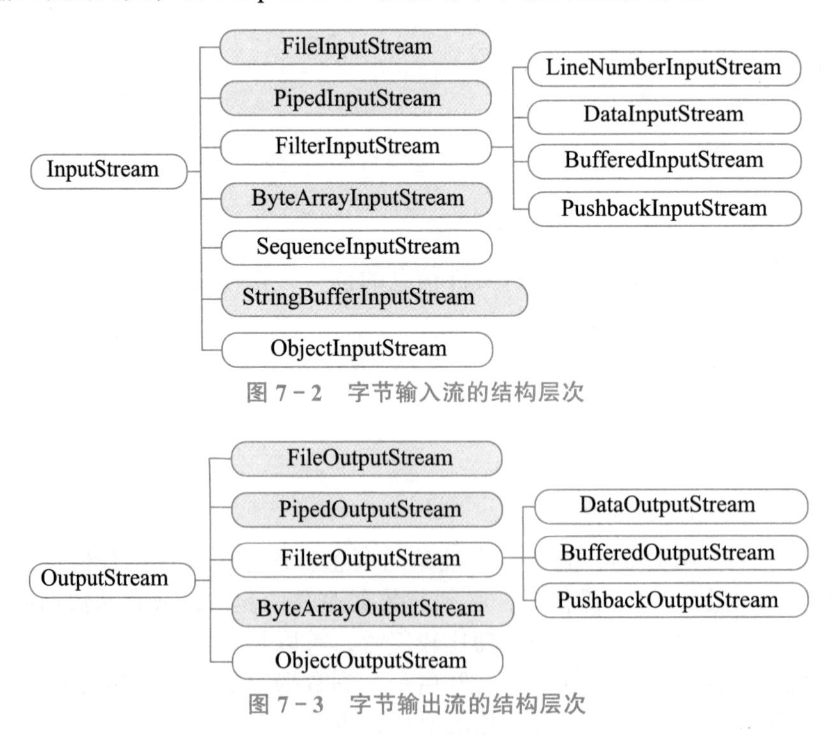

图 7－2　字节输入流的结构层次

图 7－3　字节输出流的结构层次

1. 字节输入流（InputStream）

它负责从合法的数据源中取得输入，每一种数据源都有相应的 InputStream 子类，这些子类是对 InputStream 进行包装后得到的，功能、应用场合不同。如 FileInputStream 是从本地文件系统中读取数据字节。

除了构造方法外，InputStream 中所提供的方法主要有：

（1）从流中读取数据。

int read()：从输入流中读取一个字节，返回范围在 0 ～ 255 之间的一个整数，该方法的属性为 abstract，必须为子类所实现。

int read(byte b[])：从输入流中读取长度为 b.length 的数据，写入字节数组 b，并返回读取的字节数。

int read (byte b[], int off, int len)：从输入流中读取长度为 len 的数据，写入字节数组 b 中从索引 off 开始的位置，并返回读取的字节数。

对于以上方法，如果达到流的末尾位置，则返回 -1，表明流的结束。

int available()：返回从输入流中可以读取的字节数。

long skip(long n)：输入流的当前读取位置向前移动 *n* 字节，并返回实际跳过的字节数。

（2）关闭流并且释放与该流相关的系统资源。

close()：关闭流可以通过调用方法 close() 显式进行，也可以由运行时系统对流对象进行垃圾收集时隐式进行。

（3）使用输入流中的标记。

void mark（int readlimit）：在输入流的当前读取位置作标记，从该位置开始读取 readlimit 所指定的数据后，标记失效。

void reset()：重置输入流的读取位置为方法 mark() 所标记的位置。

2. 字节输出流（OutputStream）

它负责将信息送至输出目标中，这个类也有很多子类，并且也不直接使用，而是对它进行包装后，使用各种过滤器类。

除了构造方法外，OutputStream 中封装的方法主要实现对输出数据的支持。

（1）输出数据。

void write(int b)：将指定的字节 b 写入输出流。该方法的属性为 abstract，必须为子类所实现。

注意：参数中的 b 为 int 类型，如果 b 的值大于 255，则只输出它的低位字节所表示的值。

void write(byte b[])：把字节数组 b 中的 b.length 个字节写入输出流。

void write(byte b[], int off, int len)：把字节数组 b 中从索引 off 开始的 len 个字节写入输出流。

（2）刷新输出流。

flush()，刷新输出流并输出所有被缓存的字节。

（3）关闭流。

与类 InputStream 类似，可以用方法 close() 显式地关闭输出流，也可以由运行时系统对流对象进行垃圾收集时隐式关闭输出流。

通常 OutputStream 中的方法需要在类中被重写，以提高效率或是适合于特定流的需要。例如我们可以利用文件字节输出流 FileOutputStream 来向文件中写入数据。

3. Java 中输入 / 输出的步骤

简单的讲，所有的输入输出步骤都可以分为三步：

（1）创建输入或输出流；

（2）向相应的流读或者写；

（3）关闭流，释放资源。

其中的关键是第一步，即选用合适的输入输出流类。这一步又可以细分为以下几步：

（1）确定是输入还是输出。这一步说起来容易，但好多同学容易犯错。

（2）确定输入输出字符的类型。如果只有八位编码的字符，例如 ASCII 码或者二进制数据的输入输出，可以选用字节流，当然也可以选用字符流。如果数据中包括十六位编码的字符，例如中文、韩文等，则应选用字符流。

（3）根据数据源的不同得到相应的基础流。例如：

获取针对文件的输入输出流：

```
FileInputStream fis=new FileInputStream(String filename);
FileOutputStream fos=new FileOutputStream(String filename);
FileReader fr=new FileReader(String filename);
FileWriter fw=new FileWriter(String filename);
```

获取针对 URL 的输入流：

```
URL url=new URL("http://www.sina.com..cn");
InputStream is=url.openStream();
```

（4）根据所需的具体的读写要求确定包装流：

以二进制形式读写：DataInputStream；DataOutputStream；

可打印形式输出单字节字符：PrintStream；

可打印形式输出双字节字符：PrintWriter；

读写文本：BufferedReader；BufferedWriter；

字节流到字符流转换：InputStreamReader；OutputStreamWriter。

例 7.1 读入 URL 为“http://www.sina.com.cn”的网页的源代码，并显示在屏幕上。

分析：

我们需要用 Java 中的 java.net.URL 类来描述 Internet 中的一个 URL：

```
URL url=new URL("http://www.sina.com.cn");
```

利用 URL 类提供的方法来打开到此 URL 的连接并返回一个用于从该连接读入的 InputStream：

```
InputStream is=url.openStream();
```

至此，我们获取了针对这个 URL 的基础输入流，为 InputStream 类型的。

为了利用 BufferedReader 类的 readLine() 方法实现高效的读入，下面我们利用 InputStreamReader 类来把输入字节流转换为字符流。

```
InputStreamReader isr=new InputStreamReader(is);
```

下面就可以利用 readLine() 方法实现输入了。具体代码如下：

```
import java.io.*;
import java.net.*;
public class Inurl {
public static void main(String[] args) throws Exception {
```

```
    URL url=new URL("http://www.sina.com.cn");
    InputStream is=url.openStream();
    InputStreamReader isr=new InputStreamReader(is);
    BufferedReader br=new BufferedReader(isr);
    String s="";
while((s=br.readLine())!=null){
      System.out.println(s);
    }
br.close();
isr.close();
is.close();
  }
}
```

由本例可见，Java 访问网络与访问本机的文件没有很大的区别，都是创建流、读写、关闭流的步骤。只是创建流的方式略有不同而已。

7.1.3 字符输入输出流

1. 字符输入输出流基础知识

Java 语言中关于字符流处理的类都是基于 Reader 和 Writer 的类，这两个类也都是抽象类，它们本身不能生成实例，只是提供了一些用于字符流处理的接口，通过使用由它们派生出来的子类对象来处理字符流。图 7－4 和图 7－5 分别描述了字符输入流和字符输出流的结构层次，从图中我们也可以看出，Reader 是所有字符输入流的父类，而 Writer 是所有字符输出流的父类。字符流的类名都有特点，一般输入流类都以“Reader”结尾，而输出流类都以“Writer”结尾。

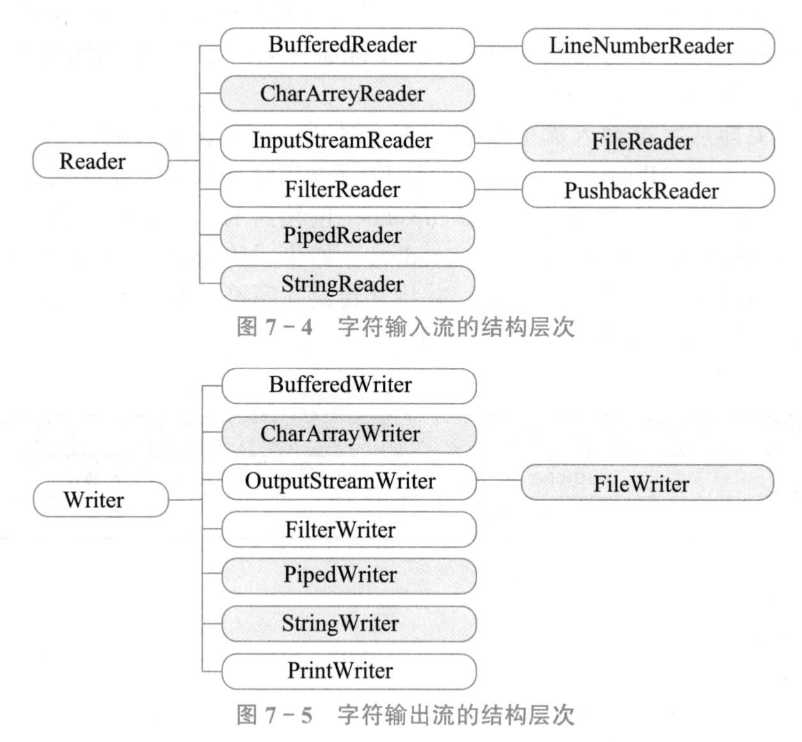

图 7－4　字符输入流的结构层次

图 7－5　字符输出流的结构层次

2. 字符输入流（Reader）

（1）读取字符。

public int read() throws IOException

读取一个字符。

public int read(char cbuf[])throws IOException

读取一系列字符到数组 cbuf[] 中。

public abstract int read(char cbuf[], int off, int len)throws IOException

读取 len 个字符数组 cbuf[] 的索引 off 处。

（2）标记流。

publicboolean markSupported()

判断当前流是否支持作标记。

public void mark(int readAheadLimit)throws IOException

给当前流作标记，最多支持 readAheadLimit 个字符的回溯。

public void reset() throws IOException

将当前流重置到作标记处。

（3）关闭流。

public abstract void close()throws IOException

该方法必须被子类实现。一个流关闭之后，再对其进行 read()、mark()、reset() 等会产生 IOException；对一个已经关闭的流再进行 close()，不会产生任何效果。

3. 字符缓冲流（BufferedReader）

字符缓冲流即从字符输入流中读取文本，缓冲各个字符，从而提供字符、数组和行的高效读取。通常，Reader 所作的每个读取请求都会导致对基础字符或字节流进行相应的读取请求。因此，建议用 BufferedReader 包装所有其 read() 操作可能开销很高的 Reader（如 FileReader 和 InputStreamReader）。如果没有缓冲，则每次调用 read() 或 readLine() 都会导致从文件中读取字节，并将其转换为字符后返回，而这是极其低效的。BufferedReader 类的常用读取方法见表 7－1。

表 7－1　BufferedReader 类的常用读取方法

返回类型	方法与功能
int	read(char[] cbuf, int off, int len) 将字符读入数组的某一部分
String	readLine() 读取一个文本行

4. 字符输出流（Writer）

Writer 类的主要方法有：

（1）向输出流写入字符。

将整数值 c 的低 16 位写入输出流：

```
public void writer(int c)throws IOException
```

将字符数组 cbuf[] 中的字符写入输出流：

```
public void writer(char cbuf[])throws IOException
```

将字符数组 cbuf[] 中从索引为 off 的位置处开始的 len 个字符写入输出流：

```
public abstract void write(char cbuf[], int off, int len)throws IOException
```

将字符串 str 中的字符写入输出流：

```
public void write(String str)throws IOException
```

将字符串 str 中从索引 off 开始处的 len 个字符写入输出流：

```
public void write(String str, int off, int len)throws IOException
```

（2）刷新输出流。

刷新输出流并输出所有被缓存的字节：

```
flush()
```

（3）关闭流。

```
public abstract void close()throws IOException
```

该方法必须被子类实现。

在实际应用中，我们通常选择字符输出流 FileWriter，对字符文件进行写操作。另外，我们选择 PrintWriter 与 FileWriter 类对象配合写字符文件。

PrintWriter 的 println() 方法每次可以向流中写入一个文本行，它与上述的 Buffered-Reader 的 readLine() 方法是对应的，使用起来比较方便，这也是我们选择 PrintWriter 的一个原因。

例 7.2 通过字符流读写文件数据。

```
import java.io.*;
class InputStreamTest {
  public static void main(String args[]) throws IOException{
    // 以下是把信息写入到文件中
     String[] s={" 您好！ "," 欢迎检查指导工作！ "," 请留下您的宝贵意见。"};
     FileWriter fw=new FileWriter("test2.txt");          // 创建字符输出流对象
     PrintWriter pw=new PrintWriter(fw);                 // 创建输出流对象
    for(int i=0; i<s.length; i++){
         pw.println(s[i]);
     }
    pw.close();
    fw.close();
      // 以下是读取文件内容并显示
     String s2;
     FileReader fis;                                     // 声明字符输入流对象
     BufferedReader br;                                  // 声明过滤器输入流对象
    fis=new FileReader("test2.txt");
    br=new BufferedReader(fis);
```

```
        System.out.println(" 读入文件内容如下：");
        while((s2=br.readLine())!=null)
        System.out.println(s2);
        fis.close();
        br.close();
    }
}
```

程序运行结果：

```
读入文件内容如下：
您好！
欢迎检查指导工作！
请留下您的宝贵意见。
```

7.1.4 二进制数据输入输出流

1. 二进制输入流（DataInputStream）

数据输入流允许应用程序以与机器无关方式从基础输入流中读取基本 Java 数据类型，常用方法见表 7 - 2。

表 7 - 2 DataInputStream 类的常用读取方法

返回值类型	方法与功能
boolean	readBoolean() 读取 1 个输入字节，如果该字节不是零，则返回 true，如果是零，则返回 false
byte	readByte() 读取并返回 1 个输入字节
char	readChar() 读取 1 个输入的 char 并返回该 char 值
double	readDouble() 读取 8 个输入字节并返回 1 个 double 值
float	readFloat() 读取 4 个输入字节并返回 1 个 float 值
void	readFully(byte[] b) 从输入流中读取一些字节，并将它们存储到缓冲区数组 b 中
void	readFully(byte[] b, int off, int len) 从输入流中读取 len 个字节
int	readInt() 读取 4 个输入字节并返回一个 int 值
long	readLong() 读取 8 个输入字节并返回一个 long 值
short	readShort() 读取 2 个输入字节并返回一个 short 值
String	readUTF() 读入 1 个已使用 UTF-8 修改版格式编码的字符串

2. 二进制输出流（DataOutputStream）

数据输出流允许应用程序以适当方式将基本 Java 数据类型写入输出流中，然后应用程序可以使用数据输入流将数据读入，常用方法见表 7 - 3。

表 7 - 3 DataOutputStream 类的常用方法

返回值类型	方法与功能
void	write (int) 写入输出流一个整数

续表

返回值类型	方法与功能
void	writeChar(int) 写入输出流 1 个字符
void	writeFloat(float) 写入输出流 1 个单精度浮点数
void	writeDouble(double) 写入输出流 1 个双精度浮点数
void	void writeBoolean(boolean) 写入输出流 1 个布尔数据
void	write(byte[] b, int off, int len) 写入输出流 1 个字节数组的内容
void	writeBytes(String) 把 1 个字符串按字节数据写入输出流
void	writeChars(String) 把 1 个字符串按字符数据写入输出流
void	writeUTF(String) 把 1 个字符串按 UTF 编码格式写入输出流
int	size() 返回到目前为止写入此数据输出流的字节数

例 7.3　以二进制数据读写文件。

```
import java.io.*;
class InputStreamTest {
  publicstaticvoid main(String args[]) throws IOException{
    // 以下按二进制数据写文件
    FileOutputStream fo=newFileOutputStream("a1.txt");
    DataOutputStream dos=newDataOutputStream(fo);
  dos.writeDouble(3.14);
dos.writeBoolean(true);
dos.writeFloat(1.5f);
dos.writeUTF("this is test");
    // 以下按二进制数据读文件
    FileInputStream fi=newFileInputStream("a1.txt");
    DataInputStream di=newDataInputStream(fi);
  System.out.println(di.readDouble());
  System.out.println(di.readBoolean());
  System.out.println(di.readFloat());
  System.out.println(di.readUTF());
  }
}
```

程序运行结果：

```
3.14
true
1.5
this is test
```

7.1.5　对象的输入输出

在程序中我们还要用到很多的对象类型的数据，例如在数据库的操作中经常用到 java.sql.Date 来描述日期。实现这些对象类型的数据的输入输出需要使用对象输入流（ObjectInputStream）和对象输出流（ObjectOutputStream）。

为了保证能把对象写入数据流，并能再把对象正确地读回到程序，必须保证对象是序列化的，即实现 Serializable 接口。Serializable 接口中没有方法，因此实现该接口的类不需要实现额外的方法。Java 提供给我们的绝大多数类都是序列化的，比如组件等。利用这样的类创建的对象就是所谓的序列化的对象。一个序列化类的子类创建的对象也是序列化的。

当读回对象时，需要强制类型转换，使之仍然恢复为原来的对象。如果强制把对象转换为一个它不属于的类，会产生 ClassCastException 异常。

1. 对象输入流（ObjectInputStrem）

ObjectInputStream 对以前使用 ObjectOutputStream 写入的基本数据和对象进行反序列化。

readObject() 方法用于从流读取对象。应该使用 Java 的安全强制转换来获取所需的类型。在 Java 中，字符串和数组都是对象，所以在序列化期间将其视为对象。读取时，需要将其强制转换为期望的类型。

读取对象类似于运行新对象的构造方法，为对象分配内存并将其初始化为零（NULL）。默认情况下，对象的反序列化机制会将每个字段的内容还原为写入时它所具有的值和类型。

2. 对象输出流（ObjectOutputStrem）

ObjectOutputStream 将 Java 对象的基本数据类型和图形写入 OutputStream。可以使用 ObjectInputStream 读取（重构）对象。通过使用流中的文件可以实现对象的持久存储。如果流是网络套接字流，则可以在另一台主机上或另一个进程中重构对象。

只能将支持 java.io.Serializable 接口的对象写入流中。每个 serializable 对象的类都被编码，编码内容包括类名和类签名、对象的字段值和数组值，以及从初始对象中引用的其他所有对象的闭包。

writeObject() 方法用于将对象写入流中。所有对象（包括 String 和数组）都可以通过 writeObject() 写入。可将多个对象或基元写入流中。必须使用与写入对象时相同的类型和顺序从相应 ObjectInputstream 中读回对象。

例 7.4 创建三个 java.sql.Date 对象，分别用来描述昨天、今天、明天的日期，把它们保存到当前文件夹下的 date.bin 文件中去，然后再把它们读入显示在屏幕上。

```
import java.io.*;
import java.text.*;
import java.util.Date;
class IOObject {
public static void main(String[] args) throws Exception{
    // 创建三个日期对象
    DateFormat dateFormat1 = new SimpleDateFormat("yyyy-mm-dd hh:mm:ss");
    Date dt1 = dateFormat1.parse("2020-06-01 09:30:27");
    Date dt2 = dateFormat1.parse("2020-07-02 11:12:26");
    Date dt3 = dateFormat1.parse("2020-08-03 16:02:09");
    FileOutputStream fo=new FileOutputStream("date.bin");
    ObjectOutputStream oo=new ObjectOutputStream(fo);
oo.writeObject(dt1);
oo.writeObject(dt2);
oo.writeObject(dt3);
```

```
    oo.close();
    fo.close();
        FileInputStream fi=new FileInputStream("date.bin");
        ObjectInputStream oi=new ObjectInputStream(fi);
        // 以 EOFException 异常为文件读完的标志
    try{
    while (true) {
            Date date = (Date) oi.readObject();
    System.out.println(date);
        }
      }
    catch(EOFException e){
    oi.close();
    fi.close();
        }
      }
    }
```

程序运行结果：

```
Wed Jan 01 09:30:27 CST 2020
Thu Jan 02 11:12:26 CST 2020
Fri Jan 03 16:02:09 CST 2020
```

任务 7.2　查看学生信息文件属性

任务情境

我们编写的学生信息管理系统，有的地方要读取文件的信息，编写程序时就要考虑到读写的文件是否存在、文件的大小、文件是否可读写等。本任务通过程序查看学生信息文件的相关属性。

任务实现

```
class TestFileMethods{
  public static void main(String args[]){
    File f=new File("test1.txt");                  //创建文件对象
    System.out.println("exist?  "+f.exists());     //通过文件获得属性信息
    System.out.println("name: "+f.getName());
    System.out.println("path: "+ f.getPath());
    System.out.println("absolutepath: "+f.getAbsolutePath());
    System.out.println("parent"+f.getParent());
    System.out.println("is a file?  "+f.isFile());
    System.out.println("is a directory?  "+f.isDirectory());
```

```
            System.out.println("length: "+f.length());
            System.out.println("can read? "+ f.canRead());
            System.out.println("can write? "+ f.canWrite());
            System.out.println("last modified: "+ new Date(f.lastModified()));
        }
    }
```

程序运行结果：

```
exist?  true
name: test1.txt
path: test1.txt
absolutepath: D:\Java\test1.txt
parent: null
is a file?  true
is a directory?  false
length: 36
can read? true
can write? true
last modified: last modified: Thu Jan 01 08:00:00 CST 2019
```

任务分析

本任务中首先创建的File对象，它可以是一个磁盘文件，也可以是文件夹，通过File对象可访问文件的相关属性信息。

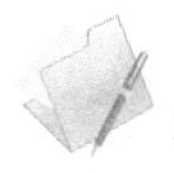

相关知识

7.2.1　File类

严格地讲，java.io.File类应该成为文件名类。因为其中的方法主要用于查询和处理文件名与路径信息，而不涉及文件的内容。即File类不能进行任何的I/O处理。目录、文件名和路径信息经常被称为“元数据”，即“数据的数据”。File类中的方法允许Java程序员从程序中访问元数据。

File类的构造方法见表7-4。

表7-4　File类的构造方法

构造方法	功能描述
File(File parent, String child)	根据parent抽象路径名和child路径名字符串创建一个新File实例
File(String pathname)	通过将给定路径名字符串转换成抽象路径名来创建一个新File实例
File(String parent, String child)	根据parent路径名字符串和child路径名字符串创建一个新File实例
File(URI uri)	通过将给定的file: URI转换成一个抽象路径名来创建一个新的File实例

File类的常用实例方法见表7-5。

表 7－5　File 类的常用实例方法

返回类型	方法与功能描述
boolean	canRead() 测试应用程序是否可以读取此抽象路径名表示的文件
boolean	canWrite() 测试应用程序是否可以修改此抽象路径名表示的文件
boolean	createNewFile() 当且仅当不存在具有此抽象路径名指定的名称的文件时，原子地创建由此抽象路径名指定的一个新的空文件
static File	createTempFile(String prefix, String suffix, File directory) 在指定目录中创建一个新的空文件，使用给定的前缀和后缀字符串生成其名称
boolean	delete() 删除此抽象路径名表示的文件或目录
boolean	equals(Object obj) 测试此抽象路径名与给定对象是否相等
boolean	exists() 测试此抽象路径名表示的文件或目录是否存在
File	getAbsoluteFile() 返回抽象路径名的绝对路径名形式
String	getAbsolutePath() 返回抽象路径名的绝对路径名字符串
String	getName() 返回由此抽象路径名表示的文件或目录的名称
String	getParent() 返回此抽象路径名的父路径名的路径名字符串，如果此路径名没有指定父目录，则返回 null
File	getParentFile() 返回此抽象路径名的父路径名的抽象路径名，如果此路径名没有指定父目录，则返回 null
String	getPath() 将此抽象路径名转换为一个路径名字符串
boolean	isAbsolute() 测试此抽象路径名是否为绝对路径名
boolean	isDirectory() 测试此抽象路径名表示的文件是否是一个目录
boolean	isFile() 测试此抽象路径名表示的文件是否是一个标准文件
boolean	isHidden() 测试此抽象路径名指定的文件是否是一个隐藏文件
long	lastModified() 返回此抽象路径名表示的文件最后一次被修改的时间
long	length() 返回由此抽象路径名表示的文件的长度，以字节为单位
String[]	list() 返回由此抽象路径名所表示的目录中的文件和目录的名称所组成字符串数组
String[]	list(FilenameFilter filter) 返回由包含在目录中的文件和目录的名称所组成的字符串数组，这一目录是通过满足指定过滤器的抽象路径名来表示的
File[]	listFiles() 返回一个抽象路径名数组，这些路径名表示此抽象路径名所表示目录中的文件
File[]	listFiles(FileFilter filter) 返回表示此抽象路径名所表示目录中的文件和目录的抽象路径名数组，这些路径名满足特定过滤器
File[]	listFiles(FilenameFilter filter) 返回表示此抽象路径名所表示目录中的文件和目录的抽象路径名数组，这些路径名满足特定过滤器
boolean	mkdir() 创建此抽象路径名指定的目录
boolean	renameTo(File dest) 重新命名此抽象路径名表示的文件
boolean	setLastModified(long time) 设置由此抽象路径名所指定的文件或目录的最后一次修改时间
boolean	setReadOnly() 标记此抽象路径名指定的文件或目录，以便只可对其进行读操作
String	toString() 返回此抽象路径名的路径名字符串
URL	toURL() 将此抽象路径名转换成一个 file: URL

例 7.5 分类输出某文件夹下的子文件夹及文件。

```
import java.io.*;
class TestFileMethods{
  publicstaticvoid main(String args[]){
    File f=new File("E:\\Eclipse\\Hello");   // 创建文件对象
    File[]flist=f.listFiles();
    for(int i=0; i<flist.length; i++){
    if(flist[i].isDirectory())
    System.out.println(flist[i].getName()+"  <dir>");
    }
    for(int j=0; j<flist.length; j++){
    if(flist[j].isFile())
      System.out.println(flist[j].getName());
    }
  }
}
```

程序运行结果：

```
.settings  <dir>
bin  <dir>
src  <dir>
.classpath
.project
```

例 7.6 仅列出文件夹中扩展名为 java 的文件。

```
import java.io.*;
public class Filelei implements FilenameFilter {
public void f(){
    File f=new File("E:\\eclipse\\seventh");
    String []filename=f.list();                    // 先列出当前目录下所有文件
for(int i=0; i<filename.length; i++){
System.out.println(filename[i]);
    }
System.out.println("*********************************");
    String []fname=f.list(this);                   // this 为实现 FilenameFilter 接口的类对象
for(int i=0; i<fname.length; i++){
System.out.println(fname[i]);
    }
  }
public static void main(String[] args) {
new Filelei().f();
  }
  public boolean accept(File f, String name) {    // 重写接口方法
    return name.endsWith(".java");                // 返回当前目录下以 .java 结尾的文件
  }
}
```

7.2.2 文件选择对话框（JFileChooser）

1. JFileChooser 的构造方法

（1）默认构造函数：JFileChooser();

（2）JFileChooser（currentDirectory）：参数表示的意思是打开文件选取器时默认显示的文件夹（默认为用户文件夹）。

2. JFileChooser 的实例方法

（1）void setCurrentDirectory(File file)。

该方法主要用于设置打开导航框时显示的文件夹。

（2）void setFileSelectionMode(int mode)。

该方法用于设置文件的打开模式，一般有以下三种文件打开模式：

1）JFileChooser.FILES_ONLY：只能选文件；

2）JFileChooser.DIRECTORIES_ONLY：只能选文件夹；

3）JFileChooser.FILES_AND_DIRECTORIES：文件和文件夹都可以选。

（3）void setMultiSelectionEnabled(boolean b)。

该方法用于设置是否可以同时选取多个文件，默认值是 false。

（4）void setSelectedFile(File file) 或 void setSelectedFiles(File[] selectedFiles)。

两者均用于设置被选中的文件，单个或多个文件。

（5）int showOpenDialog(Component parent)。

该方法用于显示选择文件时弹出的框，即文件导航窗。

（6）int showSaveDialog(Component parent)。

顾名思义，该方法是保存文件的弹出框。

（5）、（6）中的 parent 表示的意思是：文件选取器对话框的父组件，对话框将会尽量显示在靠近 parent 的中心；如果为 null, 则显示在屏幕中心。

同时这两个方法的返回值也代表着特定的意思：

1）JFileChooser.CANCEL_OPTION：单击了取消或关闭；

2）JFileChooser.APPROVE_OPTION：单击了确认或保存；

3）JFileChooser.ERROR_OPTION：出现错误。

（7）File getSelectedFile()，File[] getSelectedFiles()。

该方法用于获取打开或保存的文件。

例 7.7　通过文件打开对话框选择文件。

```
import java.awt.event.*;
import java.io.*;
import javax.swing.*;
class FileChooser extends JFrame implements ActionListener{
  JButton open=null;
public static void main(String[] args) {
new FileChooser();
  }
public FileChooser(){
open=new JButton("open");
this.add(open);
```

```
        this.setBounds(400, 200, 200, 200);
        this.setVisible(true);
        this.setDefaultCloseOperation(JFrame.EXIT_ON_CLOSE);
        open.addActionListener(this);
    }
    public void actionPerformed(ActionEvent e) {
        JFileChooser jfc=new JFileChooser();
    jfc.setFileSelectionMode(JFileChooser.FILES_AND_DIRECTORIES);
        jfc.showDialog(new JLabel(), " 选择 ");
        File file=jfc.getSelectedFile();
    if(file.isDirectory()){
            System.out.println(" 文件夹："+file.getAbsolutePath());
    }else if(file.isFile()){
            System.out.println(" 文件："+file.getAbsolutePath());
        }
    System.out.println(jfc.getSelectedFile().getName());
    }
}
```

程序运行结果如图 7－6 所示。

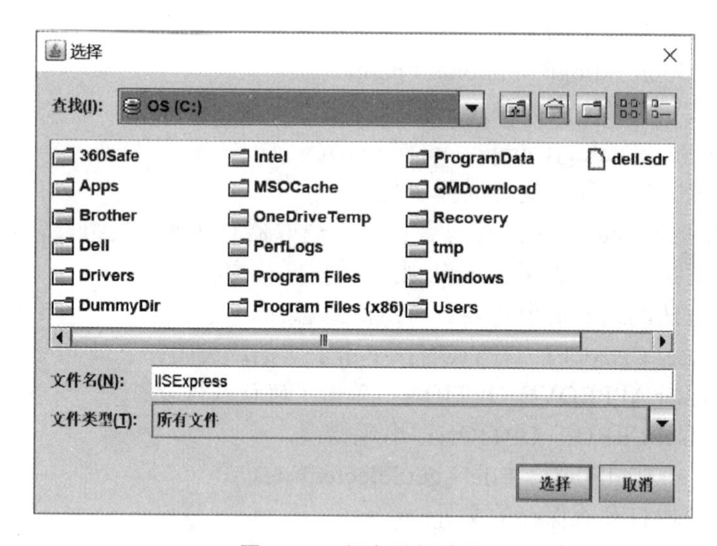

图 7－6　程序运行结果

项目实训——编写一个记事本程序

一、实训主题

我们经常用记事本编辑一般的文本文档，这里可以编写一个简单的记事本程序，完成文件的打开、保存、关闭功能。

二、实训分析

编写记事本程序，应设计图形界面。图形界面下的菜单有打开、保存、关闭菜单项，在打开文件时可借助文件选择对话框选择文件，文件的读写可按字符流进行输入输出。

三、实训步骤

【步骤 1】设计基本的图形界面；

【步骤 2】在图形界面中添加菜单；

【步骤 3】给菜单项注册事件监听器；

【步骤 4】在文件打开时利用字符输入流读取已有文件信息；

【步骤 5】在文件保存时利用字符输出流读取已有文件信息；

【步骤 6】关闭时直接退出程序。

技能检测

一、选择题

1. 下列数据流中，属于输入流的是（　　）。

A. 从内存流向硬盘的数据流　　B. 从键盘流向内存的数据流

C. 从键盘流向显示器的数据流　　D. 从网络流向显示器的数据流

2. Java 语言中提供输入输出流的包是（　　）。

A. java.sql　　B. java.util　　C. java.math　　D. java.io

3. 下列不是 io 包中的接口的一项是（　　）。

A. DataInput　　B. DataOutput　　C. DataInputStream　　D. ObjectInput

4. 下列流中哪一个使用了缓冲区技术？（　　）。

A. BufferedOutputStream　　B. FileInputStream

C. DataOutputStream　　D. FileReader

5. 下列说法中，错误的是（　　）。

A. FileReader 类提供将字节转换为 Unicode 字符的方法

B. InputStreamReader 提供将字节转化为 Unicode 字符的方法

C. FileReader 对象可以作为 BufferedReader 类的构造方法的参数

D. InputStreamReader 对象可以作为 BufferedReader 类的构造方法的参数

6. 下列哪个方法返回的是文件的绝对路径？（　　）

A. getCanonicalPath()　　B. getAbsolutePath()

C. getCanonicalFile()　　D. getAbsoluteFile

7. 下列程序建立一个 myFile1.dat 文件，并且允许按照不同的数据类型向里面写入数据，选择正确的一项填入程序中的横线处（　　）。

```
import java.io.*;
public class Test1{
  public static void main(String a[]){
    try{
      FileOutputStream fos=new FileOutputStream("myFile1.dat");
      ______________________________________________
    }
    catch(Exception e){
```

```
            e.printStrace();
        }
    }
}
```

A. OutputStream os=new OutputStream(fos);

B. DataOutputStream dos=new DataOutputStream();

C. DataOutputStream dos=new DataOutputStream(fos);

D. FileOutputStream fos=new FileOutputStream(fos);

8. 下列说法错误的是（　　）。

A. Java 的标准输入对象为 System.in

B. 打开一个文件时不可能产生 IOException

C. 使用 File 对象可以判断一个文件是否存在

D. 使用 File 对象可以判断一个目录是否存在

二、填空题

1. 按照流的方向来分，I/O 流包括________和________。

2. 流是一个流动的________，数据从________流向________。

3. FileInputStream 实现对磁盘文件的读取操作，在读取字符的时候，它一般与________和________一起使用。

4. 向 DataOutputStream 对象 dos 的当前位置写入一个保存在变量 d 中的浮点数的方法是________。

5. 使用 BufferedOutputStream 输出时，数据首先写入________，直到写满才将数据写入________。

三、编程题

1. 程序在运行过程中产生数组形式的数据如下：{2.23，4.67，6.54，2.22，1.45，5.64}，编程将数据存储到文件中去，以备后面再读入进行处理。

2. 利用输入输出流编程实现将文件 a2.txt 中的文本内容以可打印的形式复制到文件 a3.txt 中去。

项目 8

使用 MySQL 管理学生信息

项目导读

在学生信息管理系统中，学生信息的基本呈现形式是二维表格，通常采用关系型数据库管理系统对这类信息进行管理。常用的关系型数据库中，MySQL 数据库因体型小、功能较为强大而受到人们的青睐。本项目将讲解如何通过 Java 程序来管理 MySQL 数据库系统中的学生信息数据库。本项目分解为 2 个任务：建立 MySQL 学生信息数据库、通过 Java 程序管理学生信息数据库。

学习目标

1. 掌握 MySQL 的安装过程。
2. 掌握 Navicat 管理数据库的基本用法。
3. 理解 JDBC 方式操作数据库的基本原理。
4. 掌握数据库操作的一般过程。
5. 掌握 Connection、Statement、ResultSet 常用接口的用法。
6. 能编写基于 JDBC 的数据库管理程序。

任务 8.1　建立 MySQL 学生信息数据库

任务情境

要使用 MySQL 数据库管理系统管理学生信息，首先要安装 MySQL，安装方式有两种，一种是图形化安装版，一种是免安装版但需要大量的手工配置，可根据习惯选择。安装好后，要建立数据库及存储数据的数据表，可以通过可视化的图形用户界面工具 Navicat 进行数据库、数据表的建立与维护。

任务实现

安装好 MySQL，通过 Navicat 建立数据库与数据表，如图 8－1 所示。

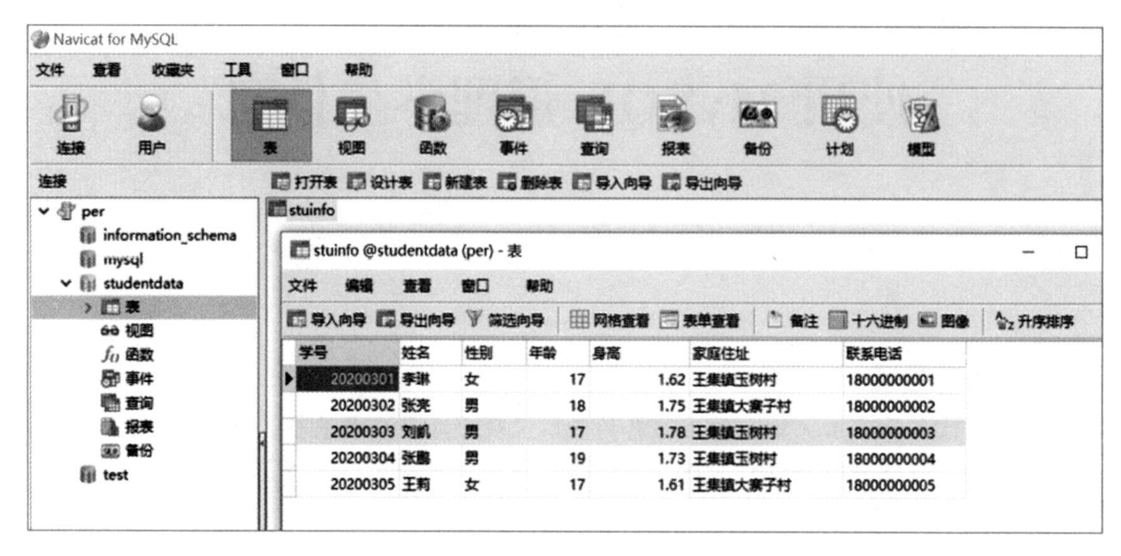

图 8－1　数据表信息

任务分析

首先要下载 MySQL 并进行安装，再下载 Navicat，运行后建立数据库及数据表，向数据表中添加信息。

相关知识

8.1.1　MySQL 的安装

MySQL 的安装过程如下：

（1）首先单击 MySQL 的安装文件，出现该数据库的安装向导界面，单击“Next”继续安装，如图 8－2 所示。

（2）在打开的窗口中，选择接受安装协议，单击“Next”继续安装，如图 8－3 所示。

（3）在出现选择安装类型的窗口中，有“Typical（默认）”“Custom（用户自定义）”“Complete（完全）”三个选项，这里选择“Custom”，因为通过自定义可以更加让我们熟悉它的安装过程，单击“Next”继续安装，如图 8－4 所示。

（4）在出现自定义安装界面中选择 MySQL 数据库的安装路径，这里设置的是“d:\Program File\MySQL”，单击“Next”继续安装，如图 8－5 所示。

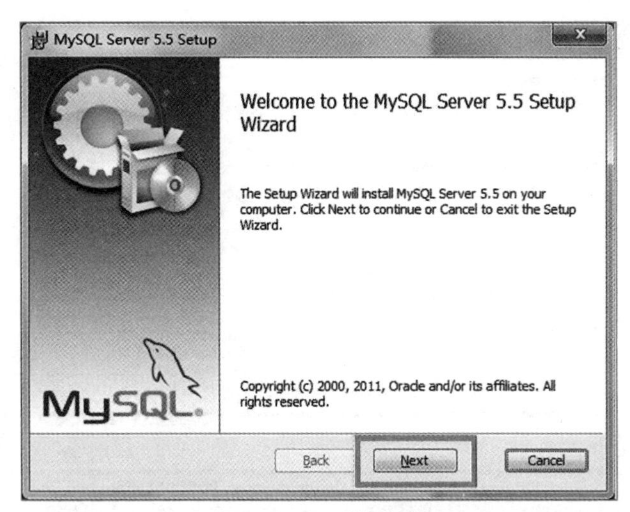

图 8－2　开始安装

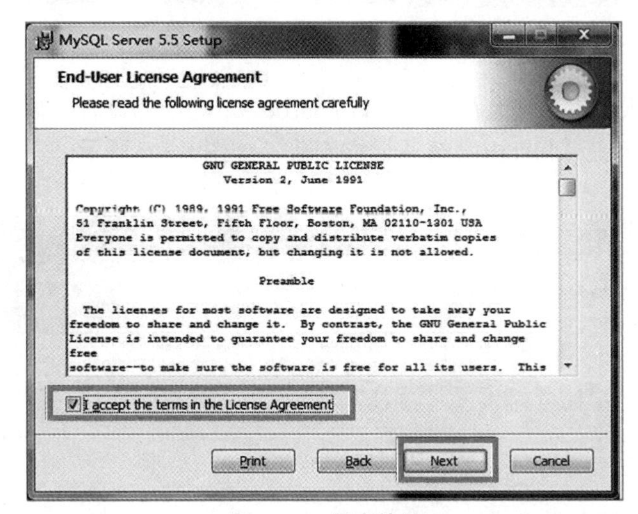

图 8－3　同意协议

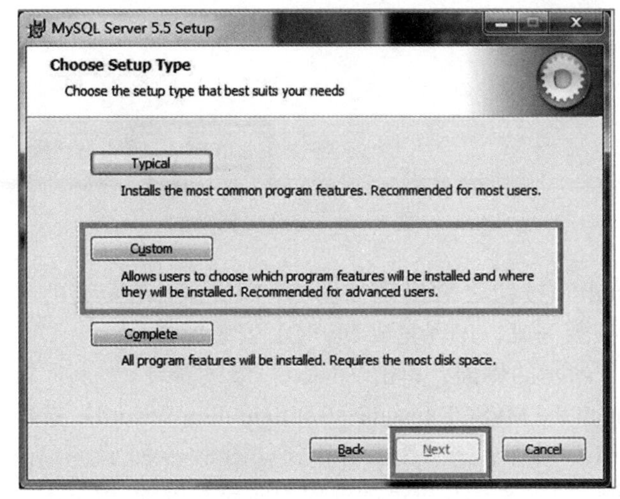

图 8－4　安装类型

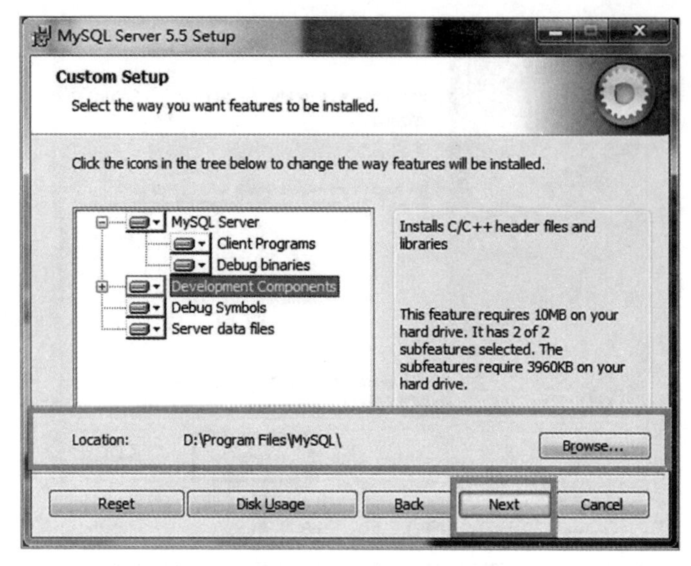

图 8-5　安装位置

（5）接下来进入到准备安装的界面，首先确认一下先前的设置，如果有误，按“Back”返回，没有错误，单击“Install”按钮继续安装，如图 8-6 所示。

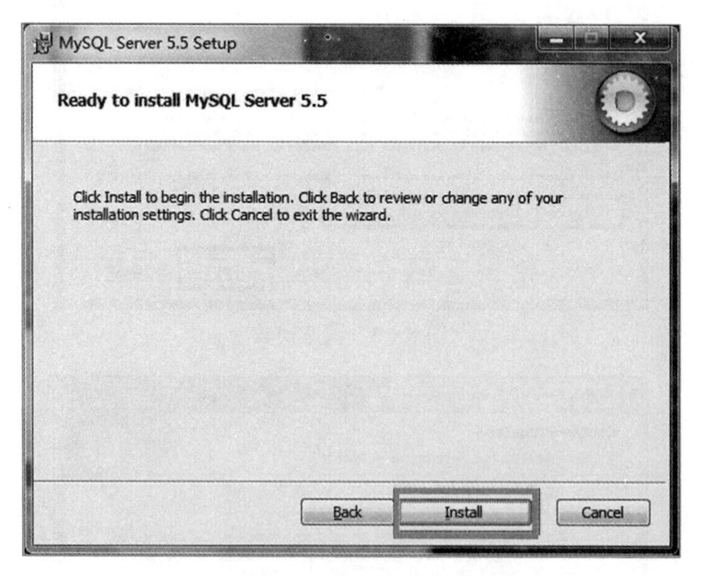

图 8-6　继续安装

（6）单击“Install”按钮之后出现如图 8-7 所示正在安装的界面，经过很短的时间，MySQL 数据库安装完成，出现完成 MySQL 安装的界面。

（7）在如图 8-8 所示的界面，单击“Next”继续安装。

（8）选择“Launch the MySQL Instance Configuration Wizard”选项，这是启动 MySQL 的配置，单击“Finish”按钮，进入配置界面，如图 8-9 所示。

（9）完成之后出现如图 8-10 所示配置界面向导，单击“Next”进行配置。

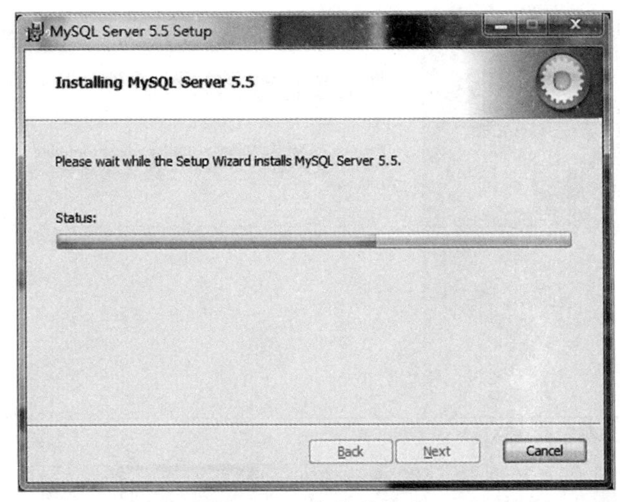

图 8－7　安装进行中

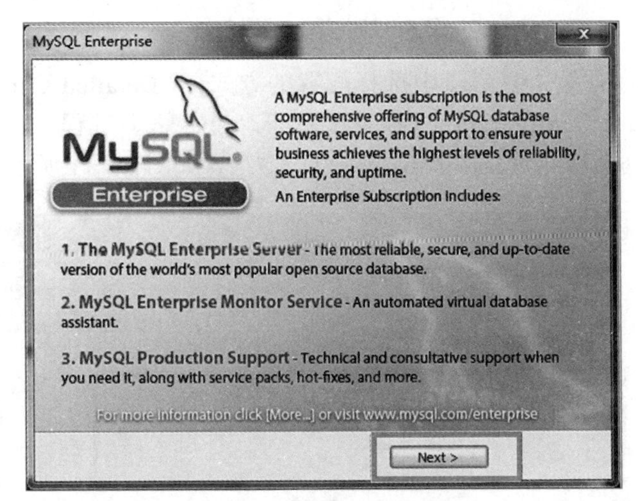

图 8－8　继续安装

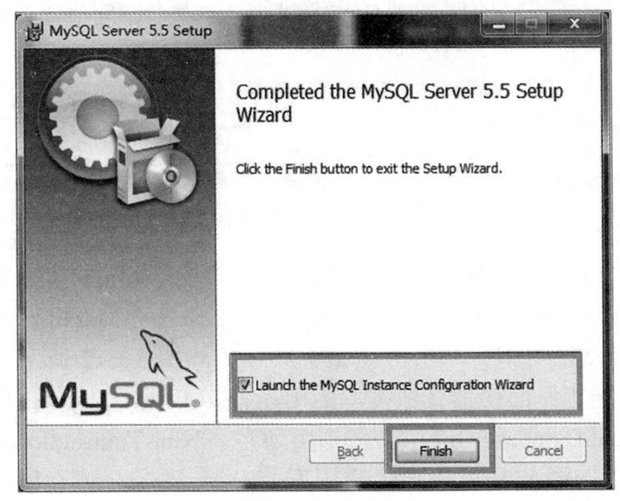

图 8－9　可启动安装

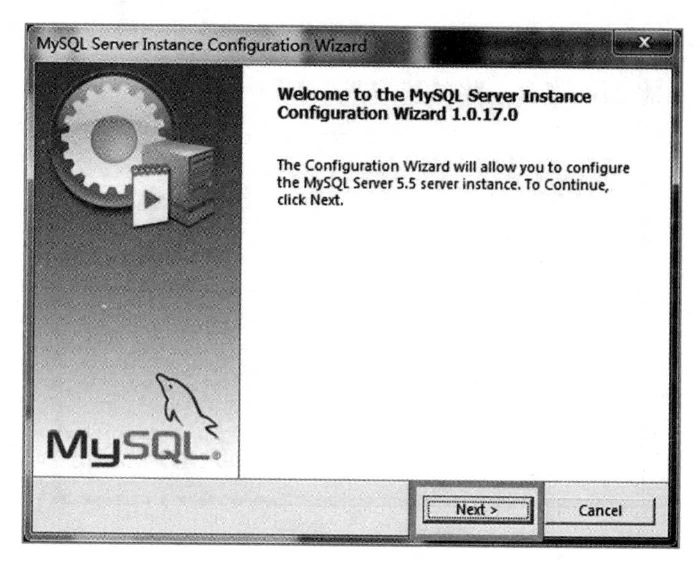

图 8－10　进入配置向导

（10）在打开的配置类型窗口中选择配置的方式，“Detailed Configuration（手动精确配置）”“Standard Configuration（标准配置）”，为了熟悉过程，这里选择“Detailed Configuration（手动精确配置）”，单击“Next”继续，如图 8－11 所示。

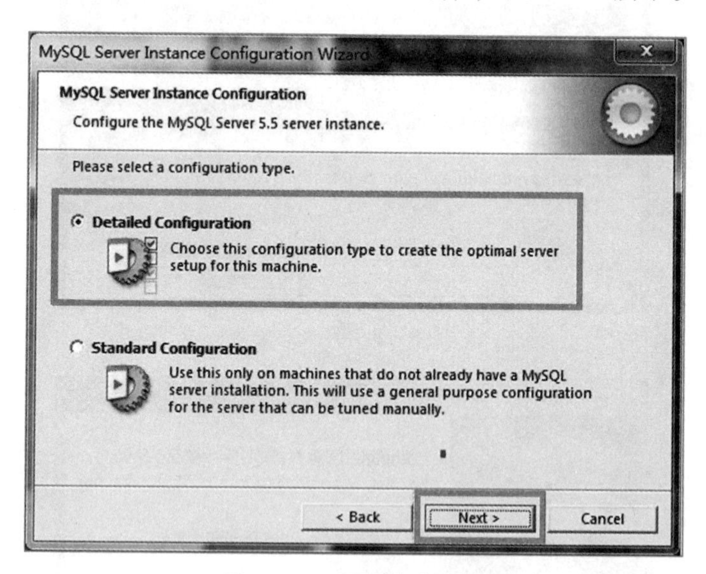

图 8－11　手动精确配置

（11）在出现的窗口中，选择服务器的类型，“Developer Machine（开发测试类）”“Server Machine（服务器类型）”“Dedicated MySQL Server Machine（专门的数据库服务器）”，这里我们选择默认类型，单击“Next”继续，如图 8－12 所示。

（12）在出现的配置界面中选择数据库的用途，“Multifunctional Database（通用多功能型）”“Transactional Database Only（服务器类型）”“Non-Transactional Database Only（非事务处理型）”，这里选择的是第一项，通用安装，单击“Next”继续配置，如图 8－13

所示。

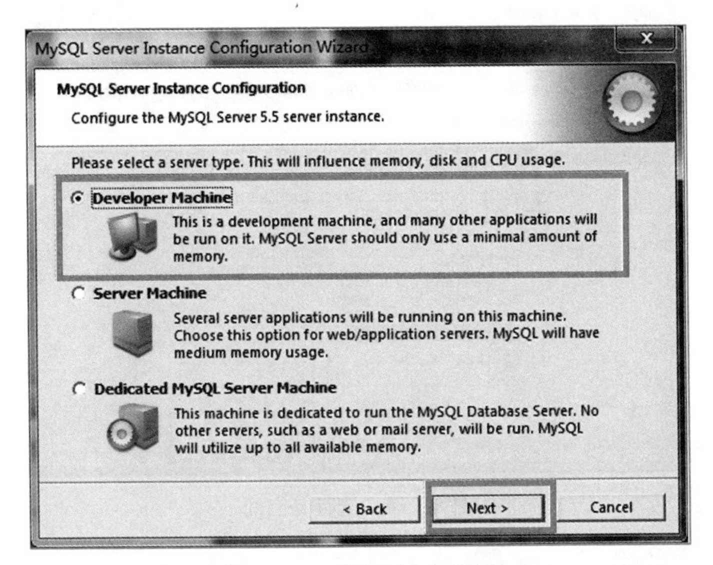

图 8-12　选择服务器类型

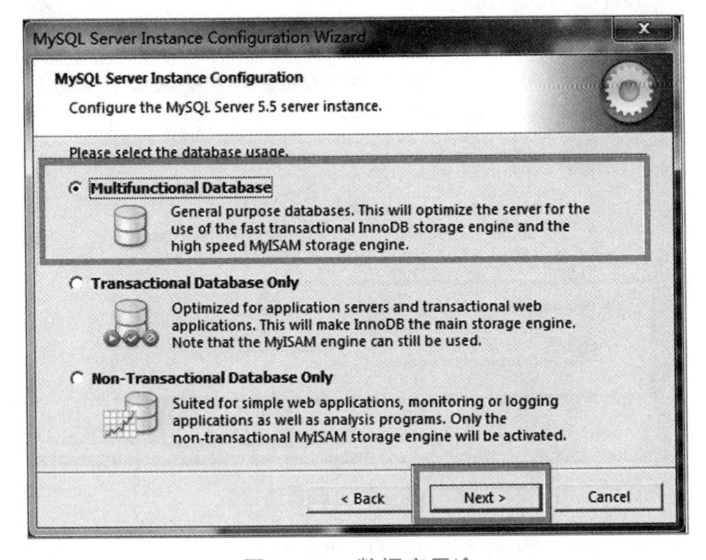

图 8-13　数据库用途

（13）在出现的界面中，对 InnoDB Tablespace 进行配置，就是为 InnoDB 数据库文件选择一个存储空间，如果修改了，要记住位置，重装的时候要选择一样的地方，否则可能会造成数据库损坏，当然，对数据库做个备份就没问题了，如图 8-14 所示。

（14）在打开的页面中，选择数据库的访问量，同时连接的数目，“Decision Support (DSS)/OLAP（20 个左右）”“Online Transaction Processing(OLTP)（500 个左右）”“Manual Setting（手动设置，设置为 15 个）”这里选择手动设置，单击“Next”继续，如图 8-15 所示。

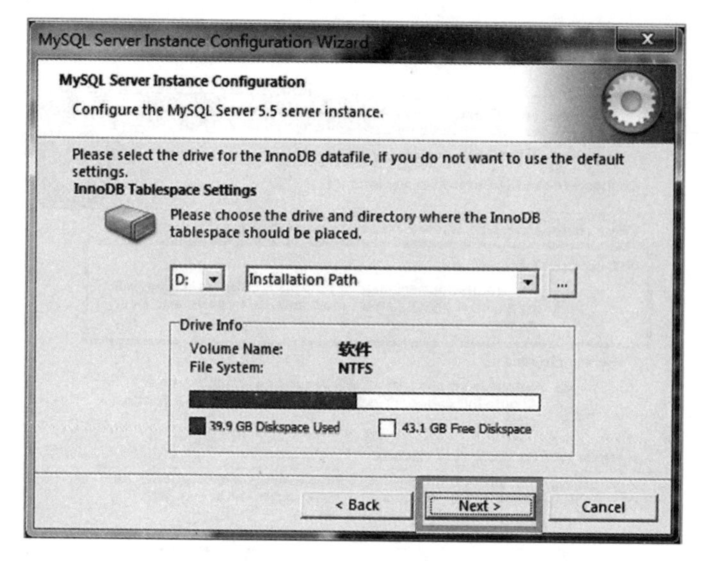

图 8-14　选存储空间

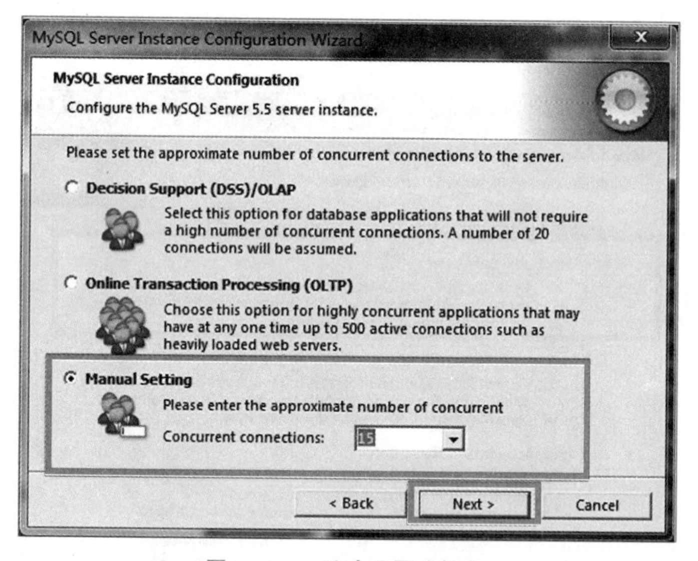

图 8-15　手动设置连接数

（15）在打开的页面中设置是否启用 TCP/IP 连接，设定端口，如果不启用，就只能在自己的机器上访问 MySQL 数据库了，这也是连接 Java 的操作，默认的端口是 3306，并启用严格的语法设置，单击“Next”继续，如图 8-16 所示。

（16）在打开的字符编码的页面中，设置 MySQL 要使用的字符编码，第一个是西文编码，第二个是多字节的通用 utf8 编码，第三个是手动，这里选择 utf8 或者是 gbk, 单击“Next”，继续配置，如图 8-17 所示。

（17）在打开的页面中选择是否将 MySQL 安装为 Windows 服务，还可以指定 Service Name（服务标识名称），是否将 MySQL 的 bin 目录加入到 Windows PATH（加入后，就可以直接使用 bin 下的文件，而不用指出目录名，比如连接，“mysql -u username -p password;”就可以了），单击“Next”继续配置，如图 8-18 所示。

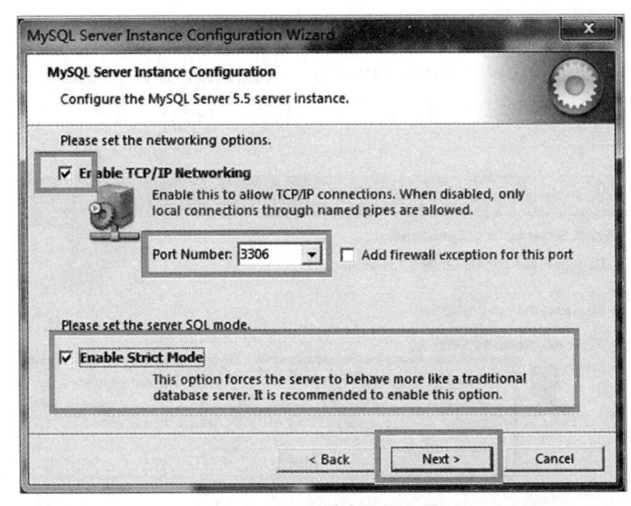

图 8－16　选择端口号

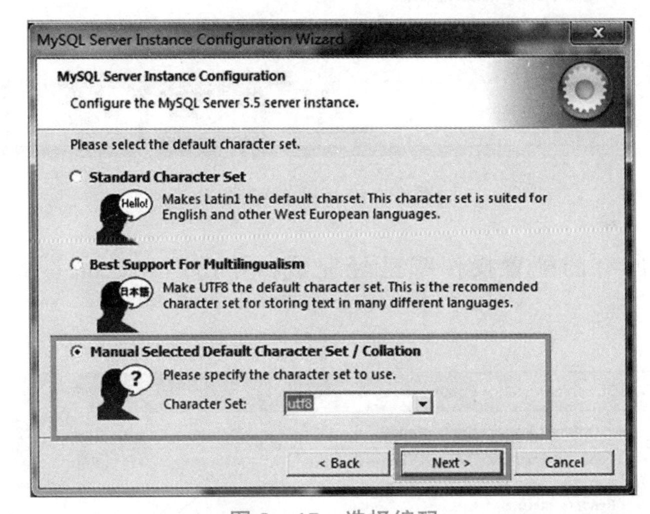

图 8－17　选择编码

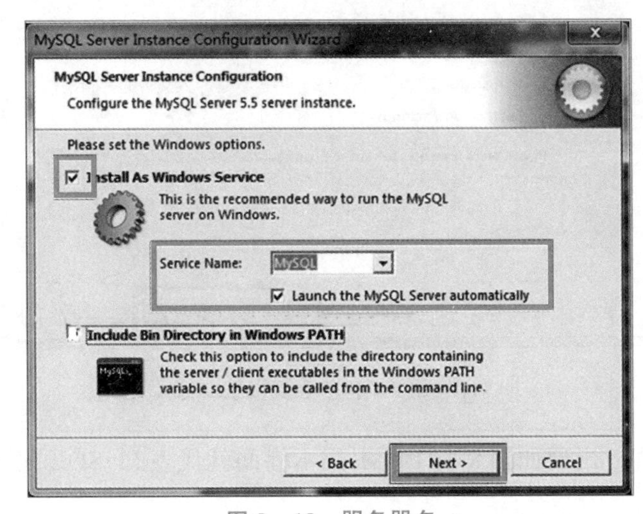

图 8－18　服务器名

（18）在打开的页面中设置是否要修改默认 root 用户（超级管理员）的密码（默认为空），如果要修改，就在“New root password”填入新密码，务必记住此安装密码，并启用 root 远程访问的功能，不要创建匿名用户，单击“Next”继续配置，如图 8－19 所示。

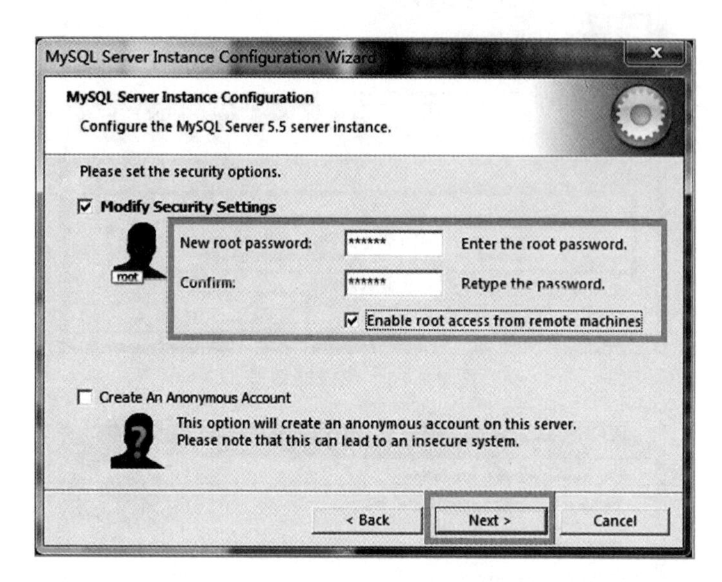

图 8－19　设置密码

（19）到这里所有的配置操作都已经完成，单击“Execute”按钮执行配置，如图 8－20 所示。

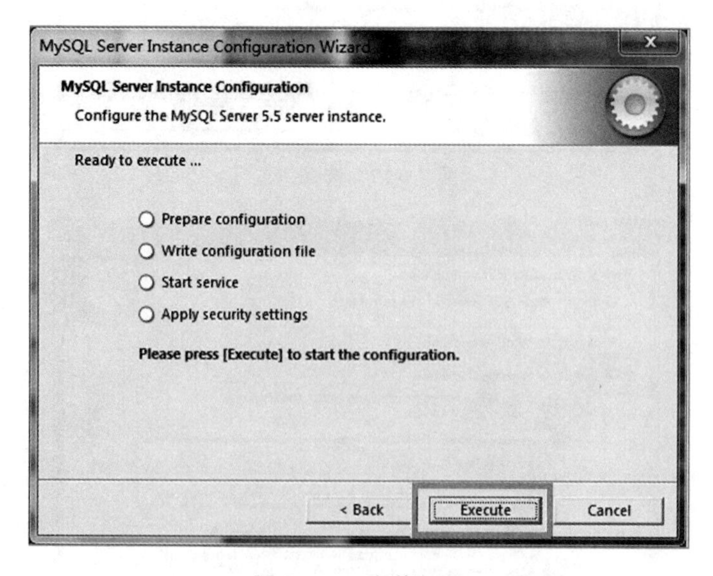

图 8－20　安装配置

（20）过几分钟，出现如图 8－21 所示提示界面就代表 MySQL 配置已经结束了，并提示了成功的信息。

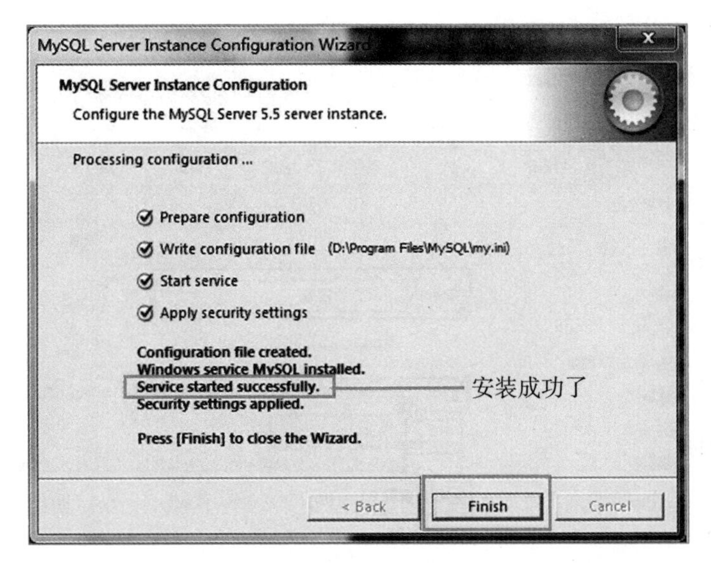

图 8－21　完成安装

8.1.2　Navicat 数据库数据表建立

Navicat 是 MySQL 的图形化的管理工具，可下载后直接解压运行。Navicat 数据库、数据表的建立过程如下：

（1）新建连接，如图 8－22 所示。

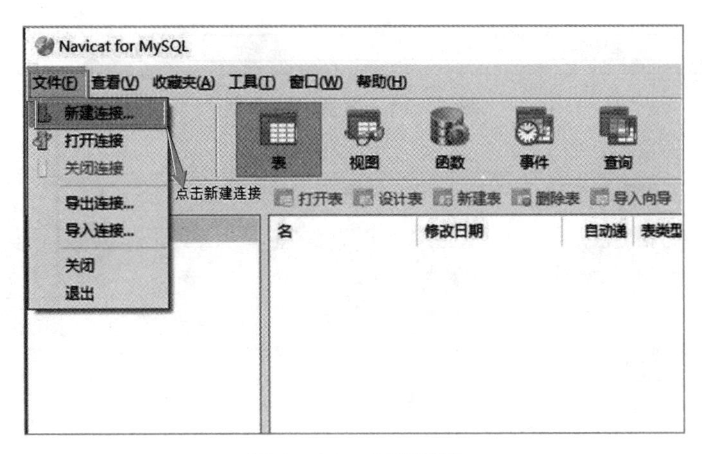

图 8－22　新建连接

（2）输入连接名称，端口号、用户名不变，密码一定要与安装时设置的密码一致。如图 8－23 所示。

（3）右击连接，新建数据库，如图 8－24 所示。

（4）输入数据库名称，选择数据库信息编码，如图 8－25 所示。

（5）新建数据库数据表，如图 8－26 所示。

（6）设置数据表结构，包括字段名称、数据类型等，设置完成后保存，输入表名 StuInfo，如图 8－27 所示。

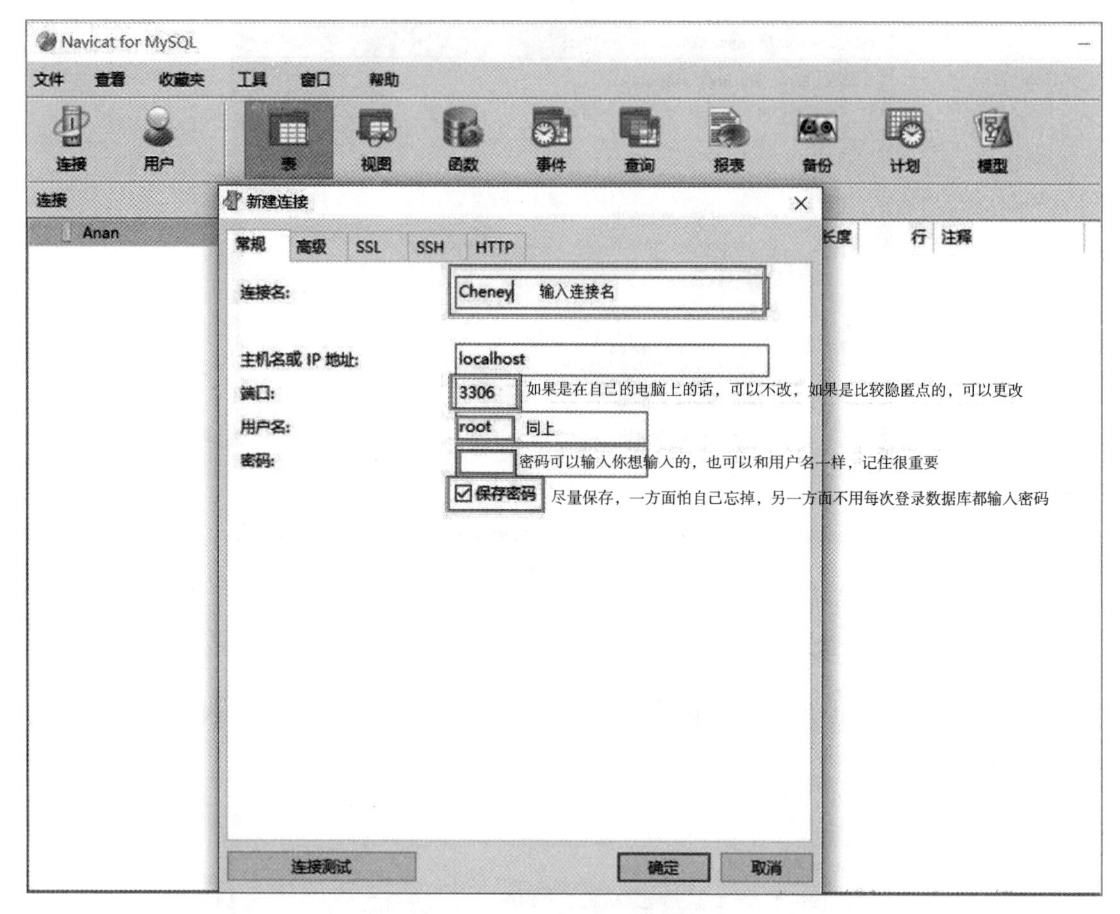

图 8－23 设置连接参数

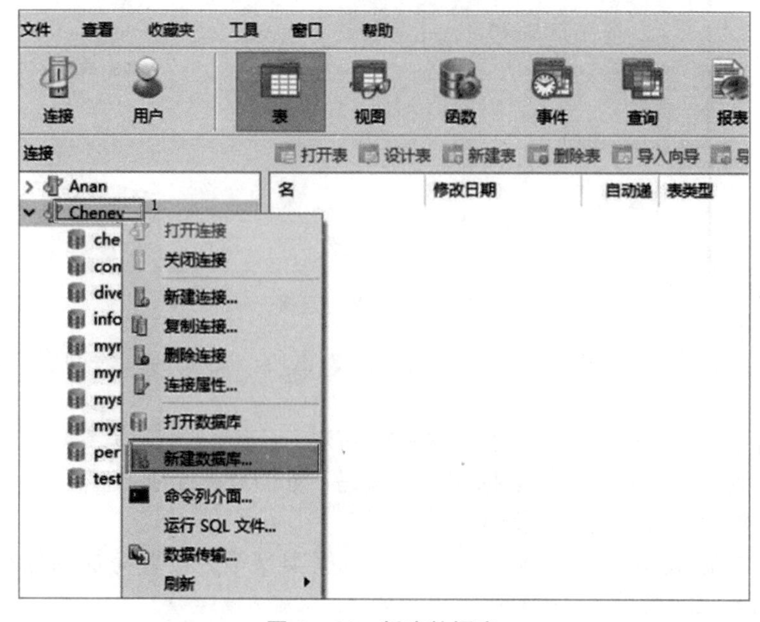

图 8－24 新建数据库

图 8－25　数据库设置

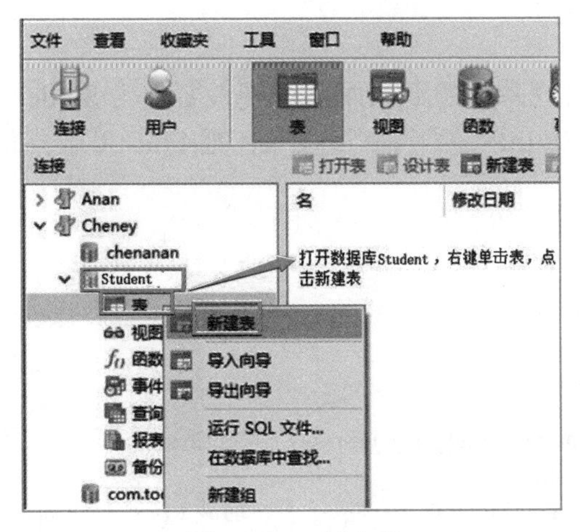

图 8－26　新建表

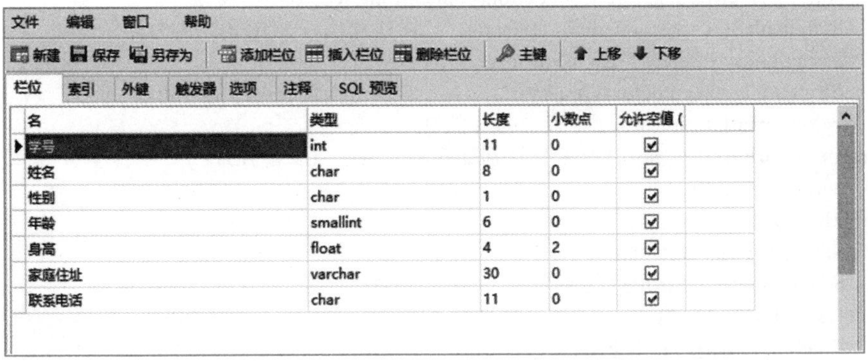

文件　编辑　窗口　帮助

新建　保存　另存为　添加栏位　插入栏位　删除栏位　主键　上移　下移

栏位　索引　外键　触发器　选项　注释　SQL 预览

名	类型	长度	小数点	允许空值 (
学号	int	11	0	☑
姓名	char	8	0	☑
性别	char	1	0	☑
年龄	smallint	6	0	☑
身高	float	4	2	☑
家庭住址	varchar	30	0	☑
联系电话	char	11	0	☑

图 8－27　设置数据表结构

（7）右击新建数据表，单击“打开表”，填写数据库数据表信息，如图 8－28 所示，完成数据库表建立，并保存后关闭。

文件 编辑 查看 窗口 帮助

导入向导 导出向导 筛选向导 网格查看 表单查看 备注 十六进制 图像 升序排序

学号	姓名	性别	年龄	身高	家庭住址	联系电话
20200301	李琳	女	17	1.62	王集镇玉树村	18000000001
20200302	张亮	男	18	1.75	王集镇大寨子村	18000000002
20200303	刘凯	男	17	1.78	王集镇玉树村	18000000003
20200304	张鹏	男	19	1.73	王集镇玉树村	18000000004
20200305	王莉	女	17	1.61	王集镇大寨子村	18000000005

图 8－28　数据表信息输入

至此，已完成了 MySQL 数据库与数据表的创建。

任务 8.2　通过 Java 程序管理学生信息数据库

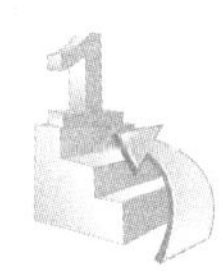

任务情境

现 MySQL 数据库管理系统的数据库已建好，名称为 Student，数据库的学生信息数据表也已建好，名称为 StuInfo，编写一个程序，把 StuInfo 表中信息查询输出。

任务实现

```
import java.sql.*;
class QueryDemo {
      public static void main(String[] args) throws Exception{
         Connection con=null;
   Class.forName("com.mysql.jdbc.Driver");          // 加载 MySQL 驱动类
         String connectionURL="jdbc:mysql://127.0.0.1:3306/Student";
         con = DriverManager.getConnection(connectionURL,"root","sa");
         Statement stat = con.createStatement();      // 建立执行 SQL 语句的容器
         String query="select * from StuInfo";
   ResultSetrs=stat.executeQuery(query);              // 执行查询数据库的语句
   System.out.println("StuInfo 用户表中的内容 ");
   System.out.println(" 学号 \t\t 姓名 \t 性别 \t 年龄 \t 身高 \t 家庭住址 ");
         while(rs.next()) {
      intxh=rs.getInt(" 学号 ");
         String xm=rs.getString(" 姓名 ");
         String xb=rs.getString(" 性别 ");
   intnl=rs.getInt(" 年龄 ");
         float sg=rs.getFloat(" 身高 ");
         String zhuzhi=rs.getString(" 家庭住址 ");
```

```
        System.out.println(xh+"\t"+xm+"\t"+xb+"\t"+nl+"\t"+sg+"\t"
           +zhuzhi);
        }
    rs.close();
    stat.close();
      }
    }
```

程序运行结果：

```
StuInfo 用户表中的内容
  学号      姓名  性别  年龄  身高     家庭住址
20200301  李琳   女    17   1.62  王集镇玉树村
20200302  张亮   男    18   1.75  王集镇大寨子村
20200303  刘凯   男    17   1.78  王集镇玉树村
20200304  张鹏   男    19   1.73  王集镇玉树村
20200305  王莉   女    17   1.61  王集镇大寨子村
```

任务分析

任务实现代码中，需要加载驱动程序类，生成连接对象 Connection，生成 SQL 语句执行对象 Statement，通过语句执行对象完成 SQL 命令的执行，返回结果集保存到结果集 ResultSet 对象，最后把结果集数据输出。

相关知识

8.2.1 数据库链接

1. JDBC 简介

JDBC 内嵌于 Java 中，提供了一种与平台无关的用于执行 SQL 语句的标准 Java API，可以为多种关系数据库提供统一访问，它由一组用 Java 语言编写的类和接口组成。有了 JDBC，向各种关系数据发送 SQL 语句就是一件很容易的事。换言之，有了 JDBC API，就不必为访问 SQL Server 数据库专门写一个程序，为访问 Oracle 数据库又专门写一个程序，或为访问 DB2 数据库又编写另一个程序等，程序员只需用 JDBC API 写一个程序，就可向不同的数据库发送 SQL 调用。

JDBC 的体系结构如图 8-29 所示。从图中看出，JDBC API 的作用是屏蔽不同的数据库驱动程序间的差别，使 Java 程序员有一个标准的、纯 Java 的数据库程序设计接口。

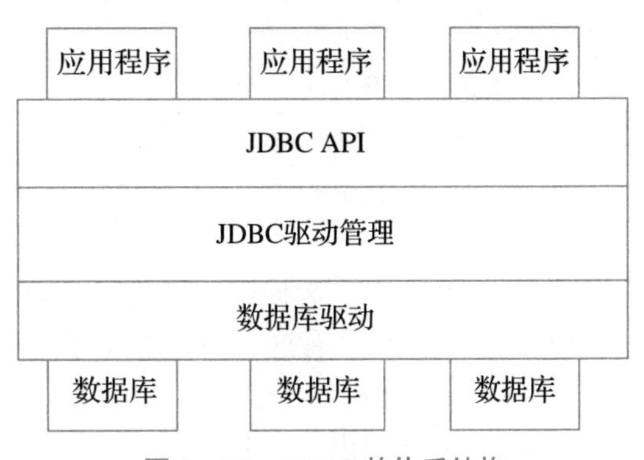

图 8-29 JDBC 的体系结构

2. DriverManager 类

它管理 JDBC 驱动程序，处理驱动程

序的装入，为新的数据库连接提供支持。驱动程序必须向该类注册后才可使用。进行连接时，该类根据 JDBC URL 选择匹配的驱动程序。

DriverManager 的常用方法见表 8－1。

表 8－1　DriverManager 的常用方法

方法	描述
public static Connection getConnection(String url)throws SQLException	通过连接地址连接数据库
public static Connection getConnection(String url, Stringuser, String password) throws SQLException	通过连接地址连接数据库，同时需要输入用户名和密码

URL 表示网络上某一资源的地址。Java 应用程序需要使用一个 URL 形式的字符串来获取一个数据库连接。这个字符串的形式随数据库的不同而不同，但通常总是以“jdbc:”开始。

JDBC 的 URL 格式——jdbc：子协议：数据源。

其中，jdbc 表示此 URL 指定的 JDBC 数据源，子协议表示指定 JDBC 驱动程序的类型，数据源表示指定的数据源名称，如：

```
String connectionURL=" jdbc:mysql://127.0.0.1:3306/Student";
```

参数含义如下：

Localhost 或 127.0.0.1：数据库的服务器地址；3306：数据库服务的端口号；Student：要访问的数据库的名称。

其他具体数据库的 URL 形式可参考驱动程序文档。

3. Connection 接口

Connection 接口负责管理 Java 应用程序和数据库之间的连接。一个 Connection 对象表示对一个特定数据源已建立的一条连接，它能够创建执行 SQL 的 Statement 语句对象并提供数据库的属性信息。Connection 接口的常用方法见表 8－2。

表 8－2　Connection 接口的常用方法

方法	描述
Statement createStatement() throws SQLException	创建一个 Statement 对象
Statement createStatement(intresultSetType, intresultSet Concurrency) throws SQLException	创建一个 Statement 对象，该对象将生成具有给定类型和并发性的 ResultSet 对象
void close()throws SQLException	关闭数据库连接
booleanisClosed()throws SQLException	判断连接是否已关闭
DatabaseMetaDatagetMetaData()throws SQLException	得到所连接数据库的元数据

在程序操作中，数据库的资源是非常有限的，这就要求开发者在操作完数据库后必须将其关闭。如果没有这么做，在程序的运行过程中就会产生无法连接到数据库的异常。

4. Statement 接口

Statement 对象由一个 Connection 对象调用 createStatement() 方法创建。通过 Statement

对象，能够执行各种操作，例如插入、修改、删除和查询等。因为对数据库操作的 SQL 语句其语法和返回类型各不相同，所以 Statement 接口提供了多种 execute() 方法用于执行 SQL 语句，见表 8－3。

表 8－3 Statement 接口的常用方法

方法	描述
boolean execute(String sql) throws SQLException	执行 SQL 语句
ResultSetexecuteQuery(String sql) throws SQLException	执行数据库查询操作，返回一个结果集对象
intexecuteUpdate(String sql)throws SQLException	执行数据库更新的 SQL 语句，如 insert、update 和 delete 等
void close() throws SQLException	关闭 Statement 操作

5. 通过 JDBC 访问数据库的一般步骤

（1）加载开发 MySQL 数据库的开发包。

需从网络下载开发包，笔者所用为 mysql-connector-java-5.1.18-bin.jar，向项目中导入 MySQL 开发包：

1）右击项目→ new folder →输入文件夹名→ finish；

2）mysql-connector-java-5.1.18-bin.jar 复制到新建文件夹；

3）右击 jar 包→ Build path → Add to Build path。

（2）在程序中通过 JDBC 访问数据库的一般步骤如下：

1）加载 JDBC 驱动程序：

```
Class.forName("com.mysql.jdbc.Driver");
```

2）创建跟数据库的连接：

```
Connection con = DriverManager.getConnection("jdbc:mysql: // 数据库服务器地址：端口号 / 数据库"," 用户名 "," 口令 ");
```

3）创建 SQL 语句对象 Statement：

```
Statement st=con.createStatement();
```

4）向数据库执行 SQL 语句：

如果是查询，则执行：

```
st.executeQuery(sql);
```

如果是更新数据表，则执行：

```
st.executeUpdate(sql);
```

6. 结果集 ResultSet 的使用

我们可以把 ResultSet 想象为一个二维矩阵，存储数据库表中对应的行和列。

刚创建的 ResultSet 的游标指向所有记录之前，利用 next() 方法可以在不同记录间移动。getXXX（String columnName）方法可以依次读取一行中的不同字段。ResultSet 的常用方法见表 8－4。

表 8－4　ResultSet 类的常用方法

返回类型	方法及功能描述
boolean	absolute(int row) 将指针移动到此 ResultSet 对象的给定行编号
void	afterLast() 将指针移动到此 ResultSet 对象的末尾，正好位于最后一行之后
void	beforeFirst() 将指针移动到此 ResultSet 对象的开头，正好位于第一行之前
void	cancelRowUpdates() 取消对 ResultSet 对象中的当前行所作的更新
void	close() 立即释放此 ResultSet 对象的数据库和 JDBC 资源，而不是等待该对象自动关闭时发生此操作
void	deleteRow() 从此 ResultSet 对象和底层数据库中删除当前行
boolean	first() 将指针移动到此 ResultSet 对象的第一行
XXX	getXXX(String columnName) 返回当前行列名为 ColumnName 的字段值
XXX	getXXX(intcolumnIndex) 返回当前行列序号为 columnIndex 的字段值
void	insertRow() 将插入行的内容插入到此 ResultSet 对象和数据库中
boolean	isAfterLast() 检索指针是否位于此 ResultSet 对象的最后一行之后
boolean	isBeforeFirst() 检索指针是否位于此 ResultSet 对象的第一行之前
boolean	isFirst() 检索指针是否位于此 ResultSet 对象的第一行
boolean	isLast() 检索指针是否位于此 ResultSet 对象的最后一行
boolean	last() 将指针移动到此 ResultSet 对象的最后一行
boolean	next() 将指针从当前位置下移一行
boolean	previous() 将指针移动到此 ResultSet 对象的上一行
void	refreshRow() 用数据库中的最近值刷新当前行
boolean	relative(int rows) 按相对行数（或正或负）移动指针
boolean	rowDeleted() 检索是否已删除某行
boolean	rowInserted() 检索当前行是否已有插入
boolean	rowUpdated() 检索是否已更新当前行
void	setFetchDirection(int direction) 设置此 ResultSet 对象中行的处理方向
void	updateXXX(int columnIndex, XXX x) 用 x 值更新指定列

注意：ResultSet 中的列的序号是从 1 开始的。

7. ResultSetMetaData 接口

它用于获取关于 ResultSet 对象中列的类型和属性信息的对象。

```
ResultSetrs = stmt.executeQuery("SELECT  * FROM StuInfo");
ResultSetMetaDatarsmd = rs.getMetaData();
```

ResultSetMetaData 类的方法：

（1）getColumnCount(): 返回此 ResultSet 对象中的列数。

（2）getColumnName(int column): 获取指定列的名称。

（3）getColumnType(int column): 检索指定列的 SQL 类型。

8.2.2 数据库操作应用举例

例 8.1 向用户表（StuInfo）中增加一条记录，编写一条完整的 SQL 语句，并通过 Statemet 执行。

```
import java.sql.*;
class InsertDemo{
  public static final String DBDRIVER = "com.mysql.jdbc.Driver" ;
  public static final String DBURL = "jdbc:mysql://127.0.0.1:3306/Student" ;
  public static final String DBUSER = "root" ;
  public static final String DBPASS = "sa" ;
  public static void main(String args[]) throws Exception{  // 所有的异常抛出
    Connection conn = null;                                   // 数据库连接
    Statement stmt = null;                                    // 数据库操作
    Class.forName(DBDRIVER) ;
    conn = DriverManager.getConnection(DBURL, DBUSER, DBPASS) ;
    stmt = conn.createStatement() ;                           // 实例化 Statement 对象
    int id=20200306;
    String name = " 赵甜 " ;
    String sex = " 女 "   ;
    int age=17;
    float height=1.68f;
    String adress=" 王集镇大柳屯 ";
    String phone="18000000006";
    String sql ="insert into StuInfo values("+id+",'"+name+"','"
      +sex+"',"+age+","+height+",'"+adress+"','"+phone+"')";
    stmt.executeUpdate(sql) ;                                 // 执行数据库更新操作
    stmt.close() ;                                            // 关闭操作
    conn.close() ;                                            // 数据库关闭
  }
}
```

说明：由于 Java 编码与 MySQL 数据库编码不一致，若插入的数据含中文，在数据表中看到乱码，可以通过改变链接参数的方法避免出现插入中文乱码的情况，链接 URL 如下：

```
URL = "jdbc:mysql://127.0.0.1:3306/Student?useUnicode=true"
      +"&characterEncoding=UTF-8";
```

例 8.2 查询学生信息表 StuInfo 表中的信息并以表格显示。

```
import java.sql.*;
import javax.swing.*;
import java.awt.*;
import java.awt.event.*;
import java.util.*;
import javax.swing.table.*;
class SQL_Table extends JFrame {
private ResultSetresultSet;
private ResultSetMetaDatarsmd;
```

```
    private JButtonsubmitQuery;
    private JTable table;
    Vector columnHeads;
    Vector currentRow; Vector rows;
    public SQL_Table()  {
       super(" 输入 SQL 语句，按提交按钮查看结果。");
       try{
    Class.forName("com.mysql.jdbc.Driver");   // 加载 MYSQL JDBC 驱动程序
          String constr= "jdbc:mysql://localhost:3306/Student";
             Connection connection =
                   DriverManager.getConnection(constr,"root","sa");
    columnHeads = new Vector();
             rows = new Vector();
                String query = "SELECT * FROM stuinfo";
                Statement statement = connection.createStatement();
    resultSet = statement.executeQuery(query);
    rsmd = resultSet.getMetaData();
                for (int i = 1; i <= rsmd.getColumnCount(); ++i)
          columnHeads.addElement(rsmd.getColumnName(i));
                   while (resultSet.next())  {
                      currentRow = new Vector();
                      for (int i = 1; i <= rsmd.getColumnCount(); ++i)
    currentRow.addElement(resultSet.getString(i));
    rows.addElement(currentRow);
                   }
          } catch (Exception sqlex) {sqlex.printStackTrace(); }
       table = new JTable(rows, columnHeads);
    JScrollPanescroller = new JScrollPane(table);
       add(scroller);
    setSize(500, 200);
    setVisible(true);
    }
    public static void main(String args[]){
          new SQL_Table();
       }
    }
```

程序运行结果如图 8－30 所示。

输入SQL语句，按提交按钮查看结果。

学号	姓名	性别	年龄	身高	家庭住址	联系电话
20200301	李琳	女	17	1.62	王集镇玉树村	18000000001
20200302	张亮	男	18	1.75	王集镇大寨...	18000000002
20200303	刘凯	男	17	1.78	王集镇玉树村	18000000003
20200304	张鹏	男	19	1.73	王集镇玉树村	18000000004
20200305	王莉	女	17	1.61	王集镇大寨...	18000000005

图 8－30　程序运行结果

例 8.3　查询数据的分页显示，每页显示 4 行。

分页显示的思路：

（1）计算查询的总行数，用 count 记录。

（2）设定每页显示的行数，如 4 行 / 页。

（3）计算查询结果占用的页数，用 page 记录，则：

```
page=count/4；（当 count 能被 4 整除）
```

或

```
page=count/4+1；（当 count 不能被 4 整除）
```

（4）将查询的所有行数据保存到 rows 中，第一次显示时，默认显示行数（1 ～ 4）保存到 cur 中，cur 用于保存显示页的所有行数据。

（5）显示第 N 页内容：指针定位到第 N 页第 1 行，行号：

```
4*(N-1)+1
```

循环移动指针取 4 行数据或到最后行（最后一页不足 4 行），将数据放表中显示。

程序代码：

```
import javax.swing.*;
import javax.swing.table.*;
import java.awt.*;
import java.awt.event.*;
import java.util.*;
import java.sql.*;
class PageShow extends JFrame implements ActionListener{
private ResultSetresultSet;
private ResultSetMetaDatarsmd;
private JButtonnext, previous;
private JTable table;
JPaneljp;
Vector columnHeads;
Vector currentRow; Vectorrows, cur;
int h=0, n=1, page=0, count;
public PageShow() {
   super(" 输入 SQL 语句，按提交按钮查看结果。");
jp=new JPanel();
   next=new JButton(" 下一页 ");
   previous=new JButton(" 前一页 ");
next.addActionListener(this);
previous.addActionListener(this);
jp.add(next);
jp.add(previous);
jp.add(new JLabel("              "));
jp.add(new JButton(" 确定 "));
   add("South" , jp);
   try{
      Class.forName("com.mysql.jdbc.Driver");   // 加载 MYSQL JDBC 驱动程序
```

```
        String constr="jdbc:mysql://localhost:3306/Student";
        Connection connection =
                DriverManager.getConnection(constr,"root","sa");
        Statement st=connection.createStatement();
    columnHeads = new Vector();
          rows = new Vector();
          cur=new Vector();
          String query = "SELECT * FROM stuinfo";
resultSet = st.executeQuery(query);
rsmd = resultSet.getMetaData();
resultSet.last();
          count=resultSet.getRow();
resultSet.beforeFirst();
          if(count%4==0)
              page=count/4;
          else
        page=count/4+1;
          for (int i = 1; i <= rsmd.getColumnCount(); ++i)
columnHeads.addElement(rsmd.getColumnName(i));
          while (resultSet.next()) {
h++;
    currentRow = new Vector();
for (int i = 1; i <= rsmd.getColumnCount(); ++i)
currentRow.addElement(resultSet.getString(i));
rows.addElement(currentRow);
              if(h<=4)
cur.addElement(currentRow) ;
          }
        } catch (Exception sqlex) {sqlex.printStackTrace(); }
    table = new JTable(cur, columnHeads);
JScrollPanescroller = new JScrollPane(table);
    add(scroller);
setSize(500, 200);
setVisible(true);
setDefaultCloseOperation(JFrame.EXIT_ON_CLOSE);
}
public static void main(String args[]){
        new PageShow();
}
public void actionPerformed(ActionEvent e) {
cur.removeAllElements();
        if(e.getSource()==next) {
          if(n<page) {
          n++;
          for(int j=1; j<=4; j++){
              if(4*(n-1)+j<=count)
                  cur.addElement(rows.elementAt(4*(n-1)+j-1));
        }
        table.validate();
        table.updateUI();
```

```
            }
        }
      if(e.getSource()==previous) {
     if(n>1) {
            n--;
            for(int j=1; j<=4; j++){
                if(4*(n-1)+j<=count)
                    cur.addElement(rows.elementAt(4*(n-1)+j-1));
            }
        table.validate();;
        table.updateUI();
            }
        }
      }
}
```

程序运行结果如图 8－31 所示。

输入SQL语句，按提交按钮查看结果。

学号	姓名	性别	年龄	身高	家庭住址	联系电话
20200301	李琳	女	17	1.62	王集镇玉树村	18000000001
20200302	张亮	男	18	1.75	王集镇大寨子...	18000000002
20200303	刘凯	男	17	1.78	王集镇玉树村	18000000003
20200304	张鹏	男	19	1.73	王集镇玉树村	18000000004

下一页　前一页　确定

图 8－31　程序运行结果

例 8.4　实现对学生信息表的查询、增加、修改、删除功能。

在实际进行编程时，要把功能相对独立的模块编写为单独的文件，这样既便于调试修改，也能更好地实现代码复用。

（1）建立数据库操作的文件，代码如下：

```
package p1;
import java.sql.*;
import java.awt.*;
import java.awt.event.*;
import javax.swing.*;
public class BookDB {
    String drivername="com.mysql.jdbc.Driver";
    Connection conn;
    Statement stmt;
    ResultSetrs;
    BookDB(){
        try {
            Class.forName(drivername);
            conn=DriverManager.getConnection("jdbc:mysql://127.0.0.1:3306/studentdata?useUnicode=tru
e&characterEncoding=UTF-8","root","sa");
            stmt=conn.createStatement();
```

```
        } catch (Exception e) {
            e.printStackTrace();
        }
    }
    public ResultSet find(String sql){        // 对数据库进行数据查询
        try {
            rs=stmt.executeQuery(sql);
            return rs;
        } catch (SQLException e) {
            return null;
        }
    }
    public int update(String sql){             // 对数据库增删改
        int n=0;
        try {
            n=stmt.executeUpdate(sql);
            } catch (SQLException e) {
            }
        return n;                              //n 的值是数据表操作影响的行数
    }
}
```

（2）建立操作界面，代码如下：

```
package p1;
import java.sql.*;
import java.awt.*;
import java.awt.event.*;
import javax.swing.*;
public class BookFrame extends JFrame implements ActionListener {
    JLabel l1, l2, l3, l4, l5, l6, l7;
    JTextField f1, f2, f3, f4, f5, f6, f7;
    JButton b1, b2, b3, b4;
    JPanel p1, p2;
    ResultSetrs;
    BookDB b;
    BookFrame(){
        super(" 数据表操作 ");
        b=new BookDB();
        l1=new JLabel(" 学号： ", JLabel.CENTER);
        l2=new JLabel(" 姓名： ", JLabel.CENTER);
        l3=new JLabel(" 性别： ", JLabel.CENTER);
        l4=new JLabel(" 年龄： ", JLabel.CENTER);
        l5=new JLabel(" 身高： ", JLabel.CENTER);
        l6=new JLabel(" 家庭住址： ", JLabel.CENTER);
        l7=new JLabel(" 联系电话： ", JLabel.CENTER);
        f1=new JTextField(15);
        f2=new JTextField(15);
        f3=new JTextField(15);
        f4=new JTextField(15);
```

```
        f5=new JTextField(15);
        f6=new JTextField(15);
        f7=new JTextField(15);
        b1=new JButton(" 增加 ");
        b2=new JButton(" 查询 ");
        b3=new JButton(" 修改 ");
        b4=new JButton(" 删除 ");
        p1=new JPanel();
        p1.setLayout(new GridLayout(7, 2));
        p2=new JPanel();
        p2.setLayout(new FlowLayout());
        add(p1,"Center");
        add(p2,"South");
        p1.add(l1);   p1.add(f1);
        p1.add(l2);   p1.add(f2);
        p1.add(l3);   p1.add(f3);
        p1.add(l4);   p1.add(f4);
        p1.add(l5);   p1.add(f5);
        p1.add(l6);   p1.add(f6);
        p1.add(l7);   p1.add(f7);
        p2.add(b1); p2.add(b2);
        p2.add(b3); p2.add(b4);
      b1.addActionListener(this);
        b2.addActionListener(this);
        b3.addActionListener(this);
        b4.addActionListener(this);
        b3.setEnabled(false);
        b4.setEnabled(false);
        this.setSize(450, 350);
        this.setVisible(true);
    }
    public void actionPerformed(ActionEvent e) {
        if(e.getSource()==b1){                    // 增加
            String sql="insert into stuinfo values("+f1.getText()+",'"+f2.getText()+"','"+f3.
getText()+"',"+f4.getText()+","+f5.getText()+",'"+f6.getText()+"','"+f7.getText()+"')";
            int n;
            if((n=b.update(sql))>0){
                f2.setText(""); f3.setText("");
                f4.setText(""); f5.setText("");
                f6.setText(""); f7.setText("");
                JOptionPane.showMessageDialog(null, " 学生信息增加成功 ");
            }else{
                JOptionPane.showMessageDialog(null, " 学生编号已存在 ");
                f1.setText(""); f2.setText("");
                f3.setText(""); f4.setText("");
                f5.setText(""); f6.setText("");
                f7.setText("");
            }
        }else if(e.getSource()==b2){              // 按学号查找学生
            String sql="select * from stuinfo where 学号 ='"+f1.getText()+"'";
```

```
            rs=b.find(sql);
            try {
              if(rs.next()){
                f2.setText(rs.getString(2));
                f3.setText(rs.getString(3));
                f4.setText(rs.getString(4));
                f5.setText(rs.getString(5));
                f6.setText(rs.getString(6));
                f7.setText(rs.getString(7));
              b3.setEnabled(true);
                b4.setEnabled(true);
              }
              else{
                JOptionPane.showMessageDialog(null, " 您查找的学号不存在，请重新查找 ");
                f1.setText("");
                f2.setText(""); f3.setText("");
                f4.setText(""); f5.setText("");
                f6.setText(""); f7.setText("");
              }
            } catch (SQLException e1) {
              e1.printStackTrace();
              JOptionPane.showMessageDialog(null, " 您查找的学号不存在，请重新查找 ");
              f1.setText("");
              f2.setText("");
              f3.setText("");
            }
          }else if(e.getSource()==b3){           // 修改学生信息
            String sql="update stuinfo set 姓 名 ='"+f2.getText()+"', 性 别 ='"+f3.getText()+"', 年 龄 ="+f4.
getText()+", 身高 ="+f5.getText()+", 家庭住址 ='"+f6.getText()+"', 联系电话 ='"+f7.getText()+"'  where 学
号 ='"+f1.getText()+"'";
            int n;
            if((n=b.update(sql))>0){
              JOptionPane.showMessageDialog(null, " 修改成功 ");
              f1.setText("");
              f2.setText(""); f3.setText("");
              f4.setText(""); f5.setText("");
              f6.setText(""); f7.setText("");
              b3.setEnabled(false);
              b4.setEnabled(false);
            }else{
              JOptionPane.showMessageDialog(null, " 修改失败，可能您修改的学生编号不存在 ");
            }
          }else if(e.getSource()==b4){           // 删除记录
            String sql="delete from stuinfo where 学号 ='"+f1.getText()+"'";
            int n;
            if((n=b.update(sql))>0){
              JOptionPane.showMessageDialog(null, " 记录成功删除 ");
              f1.setText("");
              f2.setText(""); f3.setText("");
              f4.setText(""); f5.setText("");
```

```
            f6.setText(""); f7.setText("");
            b3.setEnabled(false);
            b4.setEnabled(false);
        }else{
            JOptionPane.showMessageDialog(null, " 没能查找到您要删除的学生编号 ");
        }
      }
    }
  }
```

（3）建立测试类，代码如下：

```
package p1;
public class DatabaseDemo {
  public static void main(String[] args) {
    BookFrame d=new BookFrame();
  }
}
```

程序运行结果如图 8－32 所示。

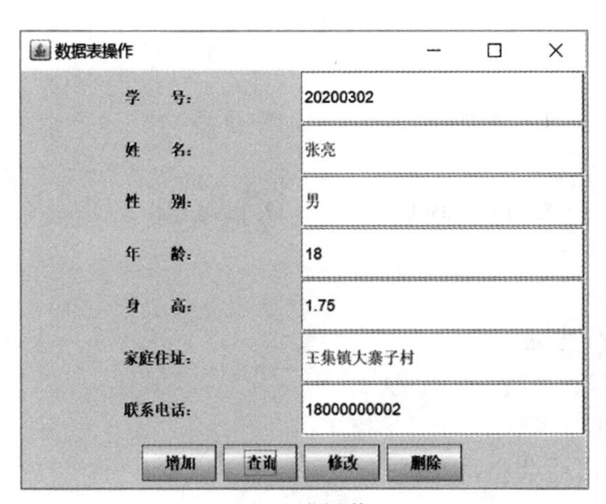

(a) 查询操作

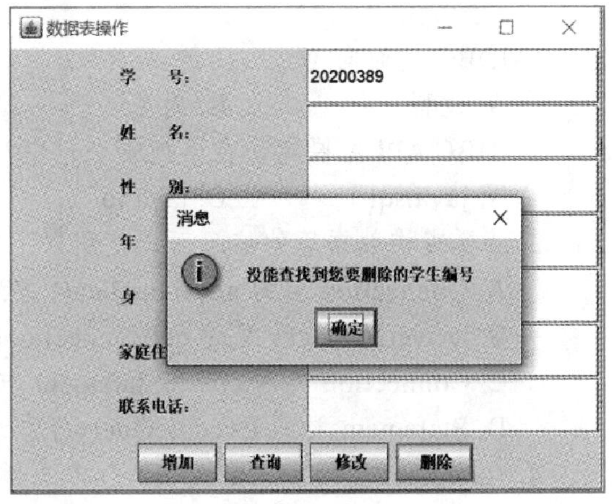

(b) 删除操作

图 8－32　运行结果

项目实训——实现用户注册功能

一、实训主题

我们经常会在一些网站进行用户的注册，这里也来模拟设计一个简单的“用户注册”程序。当用户输入用户名和密码后，单击“注册”按钮，如果用户信息表中无此用户名，则记录加入用户信息表并弹出提示信息“恭喜你，注册成功!”；如果用户输入的用户名已存在，则弹出提示信息“该用户已存在，请重新注册!”；如果用户没有输入用户名或密码，则弹出提示信息“用户名或密码不能为空”。

二、实训分析

首先要建立用户表，在输入注册信息并确定后根据用户名查询，结果集的数据行数为 0 或结果集通过 next() 方法下移时方法返回 false, 则表中无同名用户，可以把新用户插入数据表，否则不能插入。

三、实训步骤

【步骤 1】建立用户信息表 UserInfo，包括用户名、口令两个字段，并在表中输入任意 5 行数据；

【步骤 2】设计图形化的用户注册界面；

【步骤 3】注册事件监听器并编写事件处理程序；

【步骤 4】在事件处理程序中完成数据库操作的一般步骤；

【步骤 5】查询得到查询结果集，根据结果集中记录情况确定是否可插入；

【步骤 6】可借助 javax.swing 包中的 JOptionPane.showMessageDialog()，输出是否正确插入的提示信息。

技能检测

一、选择题

1. JDBC 是面向（　　）的。

A. 过程　　B. 对象　　C. 用户　　D. 应用

2. JDBC API 主要定义在下列哪个包中？（　　）

A. java.sql　　B. java.io　　C. java.awt　　D. java.util

3. 若要查询数据库的信息可以使用以下哪个方法？（　　）

A. Connection 类的 getMetaData() 方法

B. DriverManager 类的 getConnection() 方法

C. Connection 类的 createStatement 方法

D. Statement 类的 ExecuteQuery() 方法

4. Statement 类的 executeQuery() 方法返回的数据类型是（　　）。

A. Statement 类的对象　　B. Connection 类的对象

C. DatabaseMetaDat 类的对象　　D. ResultSet 类的对象

5. 下列哪项不是 getConnection() 方法的参数？（　　）

A. 数据库用户名　　B. 数据库的访问密码

C. JDBC 驱动器的版本　　D. 连接数据库的 URL

二、填空题

1. Java 使用________作为数据库的访问机制。

2. 支持 JDBC 的数据库很好地实现了跨数据库平台的________性。

3. JDBC 驱动程序负责将应用程序中基于________的 Java 方法转换为________能够理解的命令。

4. 查询数据库的标准步骤是：________，定义连接的 URL，________，建立 Statement 对象，执行查询，处理结果，关闭连接。

5. 指向数据库的 URL 中一般包含：________和________。

6. 没有直接与 JDBC 驱动程序连接的数据库可以使用________实现连接。

7. JDBC Driver Manager 是________中的一个负责管理 JDBC 驱动程序的模块。

三、编程题

1. 查询 Student 数据库中的学生信息表 StuInfo，按年龄从低到高的顺序输出各行数据。

2. 对 Student 数据库中的学生信息表 StuInfo 插入数据行，插入如下记录，以表格形式输出表中数据：

学号：20060307，姓名：吴祥雷，性别：男，年龄：16，身高：1.73，家庭住址：王集镇大王村，电话：18000000007。

项目 9

多窗口售票程序

项目导读

车站、场馆等场所通常会设置多个售票窗口，以便多名售票员同时通过售票软件进行售票，这就需要解决相同的售票方法如何被同时运行，以及如何解决多窗口同时售票时票资源同步的问题，涉及多线程的知识与用法。本项目分解为 2 个任务：创建多个同时执行的线程，多线程实现多窗口卖票。

学习目标

1. 了解线程的基本概念。
2. 理解线程的几种状态。
3. 掌握通过 Thread 类实现多线程的用法。
4. 掌握通过 Runnable 接口实现多线程的用法。
5. 掌握线程同步的用法。
6. 能编写一般的多线程 Java 程序。

任务 9.1　创建多个同时执行的线程

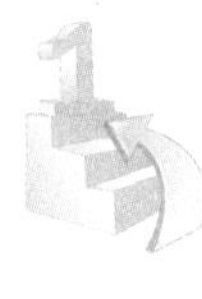

任务情境

以前编写的方法调用，可以从一个方法转到另一个方法运行，但必须等到被调用的方法执行完，再返回主调方法继续运行。这里我们可以利用多线程技术，使一个方法在同一时间段多次并行执行。下面通过两个线程并行执行程序中的线程体 run() 方法认识多线程。

任务实现

```
classThreadDemoextends Thread {
    publicThreadDemo(String name) {
        super(name);
    }
    publicvoid run() {                                // run() 方法也称线程体
        for (int i = 1; i <= 5; i++) {
            System.out.println(" " + i + " " + getName());
            try {
                sleep(100);
            } catch (InterruptedException e) {   }
        }
    }
    publicstaticvoid main(String[] args) {
        newThreadDemo(" 线程 1").start();  // 创建线程 1 启动 run() 方法
        newThreadDemo(" 线程 2").start();  // 创建线程 2 启动 run() 方法
    }
}
```

程序运行结果：

```
1 线程 1
1 线程 2
2 线程 2
2 线程 1
3 线程 2
3 线程 1
4 线程 2
4 线程 1
5 线程 1
5 线程 2
```

任务分析

从上面的程序中可以看到本程序使用了线程类 Thread，通过线程类创建了两个线程对象，两个线程对象均通过 start() 方法启动了线程体 run() 方法，两个 run() 方法并行执行得到了我们看到的结果。

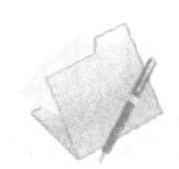

相关知识

9.1.1 多线程的基本知识

1. 多线程的基本概念

多线程是这样一种机制，它允许在程序中并发执行多个指令流，每个指令流都称为一个线程，彼此间互相独立。线程又称为轻量级进程，它和进程一样拥有独立的执行控制，由操作系统负责调度，区别在于线程没有独立的存储空间，而是和所属进程中的其他线程共享一个存储空间，这使得线程间的通信远比进程简单。

多个线程的执行是并发的，也就是在逻辑上“同时”，而不管是否是物理上的“同时”。如果系统只有一个 CPU，那么真正的“同时”是不可能的，但是由于 CPU 的速度非常快，用户感觉不到其中的区别。

多线程和传统的单线程在程序设计上最大的区别在于，由于各个线程的控制流彼此独立，而且各个线程之间的代码是乱序交替执行的，由此会带来线程调度和同步等问题，这将在以后探讨。

2. 线程的五种状态

（1）新生态（New Thread）。

一个线程刚被 new 运算符生成的状态称为新生态。如执行下列语句时，线程就处于新生态：

```
Thread myThread=new MyThreadClass();
```

当一个线程处于新生态，即已被创建但尚未执行 start() 方法时，它仅仅是一个空线程对象，系统不会为它分配资源。

（2）可运行状态（Runnable）。

线程可以执行，即线程执行 start() 方法后，使其进入可运行状态（Runnable）。此时线程不一定马上执行，但 CPU 随时可能被分配给该线程，从而使得它执行。如：

```
Thread myThread=new MyThreadClass();
myThread.start();
```

（3）运行状态（Running）。

正在运行的线程处于运行状态，此时该线程独占 CPU 的控制权。如果有更高优先级的线程出现，则该线程将被迫放弃控制权进入可运行状态。使用 yield() 方法可以使线程主动放弃 CPU 控制权。线程也可能由于执行结束或执行 stop() 方法放弃控制权进入死亡状态。

（4）阻塞状态（Blocked）。

阻塞指的是暂停一个线程的执行以等待某个条件发生。线程运行后，不总处于运行状态，正在运行的线程有时会被阻塞，其他线程才有机会可以运行，此时，线程不会被分配 CPU 时间，无法执行。Java 提供了大量方法来支持阻塞，下面简单介绍几个：

sleep() 方法允许指定以毫秒为单位的一段时间作为参数，它使得线程在指定的时间内进入阻塞状态，不能得到 CPU 时间，指定的时间一过，线程重新进入可执行状态。

wait() 方法和 notify() 方法配套使用，wait() 使得线程进入阻塞状态，它有两种形式，一种允许指定以毫秒为单位的一段时间作为参数，另一种没有参数，前者当对应的 notify() 被调用或者超出指定时间时线程重新进入可执行状态，后者则必须等待对应的 notify() 调用。

（5）死亡状态（Dead）。

正常情况下，当线程 run() 方法执行结束或其他原因终止，使线程进入死亡状态，调用 stop() 或 destroy() 亦有同样效果，但是不被推荐，前者会产生异常，后者是强制终止，不会释放锁。

线程状态转化如图 9－1 所示。

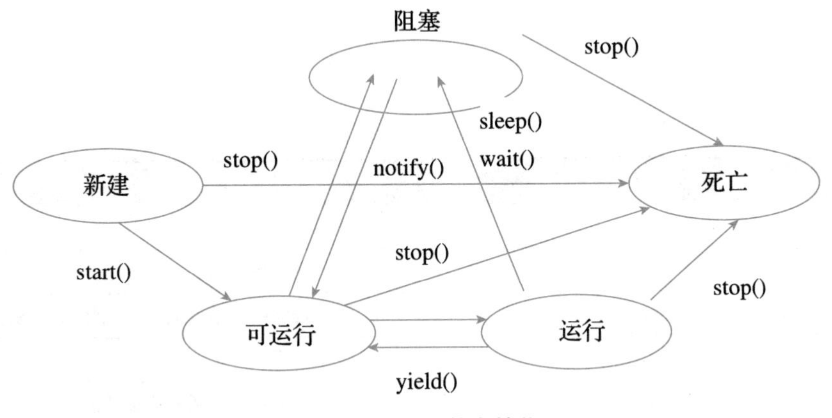

图 9－1　线程状态转化

9.1.2　用 Thread 类建立多线程

不妨设想，为了创建一个新的线程，我们需要做些什么？很显然，我们必须指明这个线程所要执行的代码，而这就是在 Java 中实现多线程所需要做的一切。

Java 是如何做到这一点的？通过类。作为一个完全面向对象的语言，Java 提供了类 java.lang.Thread 来方便多线程编程，这个类提供了大量的方法来方便我们控制自己的各个线程。

那么线程执行的代码如何由 Java 提供呢？让我们来看一看 Thread 类。Thread 类最重要的方法是 run()，它为 Thread 类的方法 start() 所调用，提供线程所要执行的代码。为了指定我们自己的代码，只需要覆盖它。

1. Thread 类的构造方法

```
public Thread()
public Thread(String name)
public Thread(Runnable target)
public Thread(Runnable target, String name)
public Thread(ThreadGroupgroup, Runnable target)
public Thread(ThreadGroupgroup, String name)
public Thread(ThreadGroupgroup, Runnabletarget, String name)
```

其中，name 代表线程名，target 代表执行线程体的目标对象（该对象必须实现 Runnable 接口），group 代表线程所属的线程组。

2. 静态方法

```
static Thread currentThread()
```

该方法返回当前执行线程的引用对象。

```
static intactiveCount()
```

该方法返回当前线程组中活动线程个数。

static intenumerate(Thread[] tarray)

该方法将当前线程组中的活动线程复制到 tarray 数组中，并返回线程的个数。

3. Thread 类的常用方法

Thead 类的常用方法见表 9－1。

表 9－1　Thread 类的常用方法

方法	含义
void run()	线程所执行的代码
void start()	使代码开始执行
void sleep(long milis)	让线程睡眠一段时间，不消耗 CPU 资源
voidinterrupt()	中断线程
static boolean interrupted()	判断当前线程是否被中断（会清除中断标志）
booleanisInterrupted()	判断指定线程是否被中断
booleanisAlive()	判断线程是否处于活动状态
static Thread currentThread()	返回当前线程对象的引用
void setName(String threadName)	设置线程的名称
string getName()	获得线程的名称
void join([long millis[,intnanos]])	等待线程结束
void destroy()	销毁线程
static void yield()	暂停当前线程，让其他线程执行
void setPriority(int p)	设置线程优先级
notify() / notifyAll()	从 Object 继承而来，用于唤醒线程
wait()	用于阻塞线程

Thread 类本身实现了 Runnable 接口，并定义了许多用于创建和控制线程的方法，所以只要继承 Thread 类，覆盖方法 run()，在创建 Thread 类的子类中重写 run() 方法，加入线程所要执行的代码即可。

例 9.1　使用 Thread 类创建多个线程。

```
public class MyThread extends Thread {
int count= 1, number;
publicMyThread(intnum) {
number = num;
System.out.println(" 创建线程 " + number);
}
public void run() {
while(true) {
  System.out.println(" 线程 " + number + ": 计数 " + count);
  if(++count==6) return;
```

```
}
}
public static void main(String args[]) {
for(int i = 0; i < 5; i++) new MyThread(i+1).start();
}
}
```

程序运行结果：

```
创建线程 1
创建线程 2
创建线程 3
线程 1: 计数 1
线程 1: 计数 2
线程 3: 计数 1
线程 3: 计数 2
创建线程 4
线程 2: 计数 1
线程 3: 计数 3
线程 1: 计数 3
线程 3: 计数 4
线程 2: 计数 2
线程 3: 计数 5
线程 4: 计数 1
创建线程 5
线程 1: 计数 4
线程 4: 计数 2
线程 4: 计数 3
线程 4: 计数 4
线程 2: 计数 3
线程 4: 计数 5
线程 1: 计数 5
线程 2: 计数 4
线程 2: 计数 5
线程 5: 计数 1
线程 5: 计数 2
线程 5: 计数 3
线程 5: 计数 4
线程 5: 计数 5
```

该 Java 程序在 JVM 上运行时，共有 6 个线程：第 1 个是 main() 方法所在的主线程，主线程执行 main() 方法中的代码，其他 5 个线程分别是在 main() 中创建的。只有当 Java 程序中除 main() 主线程以外的其他线程都已经运行结束，main() 主线程才运行结束。

9.1.3 用 Runnable 接口建立线程

前面的方法简单明了，符合大家的习惯，但是，它也有一个很大的缺点，那就是如果我们的类已经从一个类继承（如程序继承自 JFrame 类），则无法再继承 Thread 类，这时如果我们不想建立一个新的类，应该怎么办呢？

不妨来探索一种新的方法：我们不创建 Thread 类的子类，而是直接使用它，那么我们只能将我们的方法作为参数传递给 Thread 类的实例，有点类似回调函数。但是 Java 没有指针，我们只能传递一个包含这个方法的类的实例。那么如何限制这个类必须包含这一方法呢？

Java 提供了接口 java.lang.Runnable 来支持这种方法。Runnable 接口只有一个方法 run()，我们声明自己的类实现 Runnable 接口并提供这一方法，将我们的线程代码写入其中，就完成了这一部分的任务。但是 Runnable 接口并没有任何对线程的支持，我们还必须创建 Thread 类的实例，这一点通过 Thread 类的构造函数 public Thread(Runnable target) 来实现。

例 9.2　使用 Runnable 接口创建多线程程序。

```
public class MyThread implements Runnable {
int count= 1, number;
publicMyThread(intnum) {
   number = num;
   System.out.println(" 创建线程 " + number);
   }
   public void run() {
   while(true) {
      System.out.println(" 线程 " + number + ": 计数 " + count);
      if(++count== 6) return;
      }
   }
   public static void main(String args[]) {
   for(int i = 0; i < 5; i++)
      new Thread(new MyThread(i+1)).start();
   }
}
```

严格地说，创建 Thread 子类的实例也是可行的，但是必须注意的是，该子类必须没有覆盖 Thread 类的 run 方法，否则该线程执行的将是子类的 run 方法，而不是我们用以实现 Runnable 接口的类的 run 方法。

使用 Runnable 接口来实现多线程，使得我们能够在一个类中包容所有的代码，有利于封装，它的缺点在于，只能使用一套代码，若想创建多个线程并使各个线程执行不同的代码，则仍必须额外创建类，如果这样的话，在大多数情况下也许还不如直接用多个类分别继承 Thread 来得紧凑。

综上所述，两种方法各有千秋、各有特点，但运行结果是一致的，大家可以灵活运用。

任务 9.2　多线程实现多窗口卖票

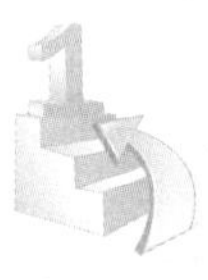

任务情境

车站售票一般有多个窗口，多个售票员使用同一套售票程序的多个终端同时卖票，编程时使用多线程实现多窗口卖票，但如果多个线程同时操作时，就有可能出现卖票为负数的问题。

任务实现

```
classMyThread implements Runnable{
  private int ticket = 5 ;                         //假设一共有 5 张票
  public void run(){
    for(int i=0; i<100; i++){
      if(ticket>0){   //还有票
        try{
          Thread.sleep(300) ;                      //加入延迟
        }catch(InterruptedException e){
          e.printStackTrace() ;
        }
        System.out.println(" 卖票：ticket = " + ticket--);
      }
    }
  }
}
public class SyncDemo01{
  public static void main(String args[]){
    MyThreadmt = new MyThread() ;         //定义线程对象
    Thread t1 = new Thread(mt) ;          //定义 Thread 对象
    Thread t2 = new Thread(mt) ;          //定义 Thread 对象
    Thread t3 = new Thread(mt) ;          //定义 Thread 对象
    t1.start() ;
    t2.start() ;
    t3.start() ;
  }
}
```

程序运行结果：

```
卖票：ticket = 5
卖票：ticket = 4
卖票：ticket = 3
卖票：ticket = 2
卖票：ticket = 1
卖票：ticket = 0
卖票：ticket = -1
```

任务分析

一个多线程的程序如果通过 Runnable 接口实现的，则意味着类中的属性将被多个线程共享，那么这样就会造成一种问题，如果多个线程要操作同一资源时就有可能出现资源的同步问题。

相关知识

9.2.1 线程同步

从程序的运行结果中可以发现，程序中加入了延迟操作，所以在运行的最后出现了负数的情况，那么为什么现在产生这样的问题呢？

从上面的操作代码中可以发现对于票数的操作步骤如下：

（1）判断票数是否大于 0，大于 0 则表示还有票可以卖。

（2）如果票数大于 0，则将票卖出。

但是在实际的操作代码中，在步骤（1）和步骤（2）之间加入了延迟操作，那么一个线程就有可能在还没有对票数进行减操作之前，其他线程就已经将票数减少了，这样一来就会出现票数为负的情况。多线程售票的工作模式如图 9－2 所示。

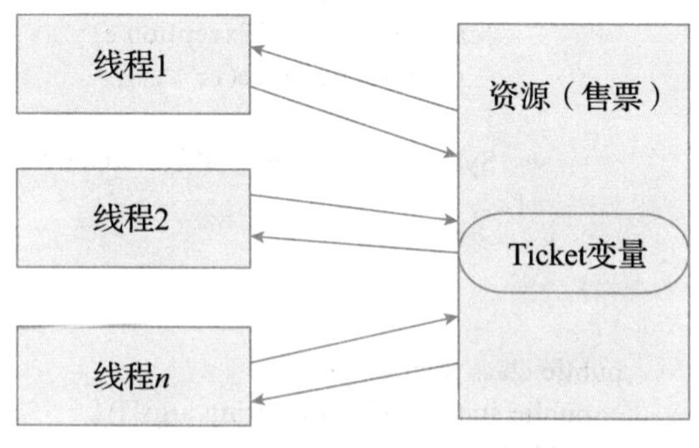

图 9－2 多线程售票的工作模式

如果想解决这样的问题，就必须使用同步。所谓同步，就是指多个操作在同一时段内只能有一个线程进行，其他的线程要等待此线程完成之后才可以继续执行。

9.2.2 使用同步解决问题

解决资源共享的同步操作，可以使用同步代码块和同步方法两种方式完成。

1. 同步代码块

所谓同步代码块，就是指使用“{}”括起来的一段代码，根据其位置和声明的不同，可以分为普通代码块、构造块、静态块 3 种。如果在代码块上加上 synchronized 关键字，则此代码块就称为同步代码块。同步代码块的格式如下：

```
synchronized（同步对象）{
需要同步的代码;
}
```

从上面格式可以发现，在使用同步代码块时必须指定一个需要同步的对象，但一般都将当前对象（this）设置为同步对象。

例 9.3 使用同步代码块解决的同步问题。

```
classMyThread implements Runnable{
  private int ticket = 5 ;              // 假设一共有 5 张票
  public void run(){
    for(int i=0; i<100; i++){
      synchronized(this){               // 要对当前对象进行同步
        if(ticket>0){                   // 还有票
          try{
              Thread.sleep(300) ;       // 加入延迟
```

```
                }catch(InterruptedException e){
                    e.printStackTrace();
                }
                System.out.println(" 卖票：ticket = " + ticket--);
            }
        }
    }
}
}
public class SyncDemo02{
    public static void main(String args[]){
        MyThreadmt = new MyThread() ;  // 定义线程对象
        Thread t1 = new Thread(mt) ;   // 定义 Thread 对象
        Thread t2 = new Thread(mt) ;   // 定义 Thread 对象
        Thread t3 = new Thread(mt) ;   // 定义 Thread 对象
        t1.start() ;
        t2.start() ;
        t3.start() ;
    }
}
```

程序运行结果：

```
卖票：ticket = 5
卖票：ticket = 4
卖票：ticket = 3
卖票：ticket = 2
卖票：ticket = 1
```

从程序运行中可以发现，以上代码将取值和修改值的操作进行了同步，所以不会再出现卖出票为负数的问题。

2. 同步方法

除了可以将需要的代码设置成同步代码块外，也可以使用 synchronized 关键字将一个方法声明为同步方法。声明如下：

```
synchronized 方法返回值方法名称（参数列表）{
}
```

例 9.4 使用同步方法解决以上问题。

```
classMyThread implements Runnable{
    private int ticket = 5 ;                  // 假设一共有 5 张票
    public void run(){
        for(int i=0; i<100; i++){
            this.sale() ;                     // 调用同步方法
        }
    }
    public synchronized void sale(){          // 声明同步方法
        if(ticket>0){                         // 还有票
            try{
```

```
            Thread.sleep(300) ;                  // 加入延迟
        }catch(InterruptedException e){
            e.printStackTrace() ;
        }
        System.out.println(" 卖票：ticket = " + ticket--);
      }
    }
}
public class SyncDemo03{
    public static void main(String args[]){
        MyThreadmt = new MyThread() ;     // 定义线程对象
        Thread t1 = new Thread(mt) ;       // 定义 Thread 对象
        Thread t2 = new Thread(mt) ;       // 定义 Thread 对象
        Thread t3 = new Thread(mt) ;       // 定义 Thread 对象
        t1.start() ;
        t2.start() ;
        t3.start() ;
    }
}
```

程序运行结果：

```
卖票：ticket = 5
卖票：ticket = 4
卖票：ticket = 3
卖票：ticket = 2
卖票：ticket = 1
```

从程序的运行结果可以发现，此代码完成了与之前同步代码块同样的功能。

项目实训——元旦倒计时牌的实现

一、实训主题

利用线程知识制作一个简单的倒计时牌，计算距 2022 年元旦还有多少时间，要求在窗口中显示剩余的天数、小时数、分钟数和秒数，每秒刷新一次。

二、实训分析

首先要能设置目标时间，可借助 new GregorianCalendar(2022, Calendar.JANUARY, 1, 0, 0, 0) 生成一个 Calendar 对象 target，通过 new GregorianCalendar() 生成一个记录当前系统时间的 Calendar 对象 nowtime，要计算现在时间与目标时间的时间差，可通过 targetTime.getTimeInMillis()-todayTime.getTimeInMillis() 计算出两个时间的差，单位为毫秒，通过计算可得出距离目标时间的天数、小时数、分数、秒数。

三、实训步骤

【步骤 1】设计一个 JFrame 类的子类 MyFrame，子类的构造方法使窗口中加入显示时间的标签。

【步骤 2】设计一个 Thread 类的子类 MyThread，子类的构造方法接收 MyFrame 类中传入的目标时间。

【步骤 3】改造 MyFrame 类的构造方法，在此方法中加入生成一个 MyThread 类对象的语句，同时把目标时间作为参数传给 MyThread 的构造方法。

【步骤 4】重写 MyThread 中的 run() 方法，在该方法中每隔 1 秒计算距离目标时间的时间间隔，转换为天、时、分、秒形式，显示在窗口的标签中。

【步骤 5】在 MyFrame 构造方法中生成一个 MyThread 类对象后，加入启动线程的语句。运行程序查看结果。

技能检测

一、选择题

1. 一个 Java 程序运行后，在系统中作为一个（　　）。

A. 线程　　B. 进程　　C. 进程或线程　　D. 不可预知

2. 设已编好了一个线程类 MyThread，要在 main() 中启动该线程，需使用的方法是（　　）。

A. new MyThread

B. MyThreadmyThread=new MyThread(); myThread.start();

C. MyThreadmyThread=new MyThread(); myThread.run();

D. new MyThread.start();

3. 处于激活状态的线程可能不是当前正在执行的线程，原因是（　　）。

A. 为当前唯一运行的线程　　B. 线程被挂起

C. 线程被继续执行　　D. 通知线程某些条件

二、填空题

1. 线程的创建方式是________和________。

2. 线程生命周期的五种状态为: ________、________、________、________和________。

3. 一个线程对象的具体操作是由________方法的内容确定的，但是 Thread 类的该方法是空的，其中没有内容，所以用户程序要么派生一个 Thread 的子类并在子类里重新定义此方法，要么使一个类实现________接口并书写该方法的方法体。

4. 当一个线程睡眠时，sleep() 方法不消耗________时间。

三、编程题

1. 设计 4 个线程对象，2 个线程执行减操作，2 个线程执行加操作。

2. 设计一个生产电脑和搬运电脑类，要求生产一台电脑就搬走一台电脑，如果没有新的电脑生产出来，则搬运工要等待新电脑生产出来；如果生产出的电脑没有搬走，则要等待电脑搬走之后再生产，并统计出生产的电脑的数量。